essentials

essentials liefern aktuelles Wissen in konzentrierter Form. Die Essenz dessen, worauf es als „State-of-the-Art" in der gegenwärtigen Fachdiskussion oder in der Praxis ankommt. *essentials* informieren schnell, unkompliziert und verständlich

- als Einführung in ein aktuelles Thema aus Ihrem Fachgebiet
- als Einstieg in ein für Sie noch unbekanntes Themenfeld
- als Einblick, um zum Thema mitreden zu können

Die Bücher in elektronischer und gedruckter Form bringen das Fachwissen von Springerautorinnen kompakt zur Darstellung. Sie sind besonders für die Nutzung als eBook auf Tablet-PCs, eBook-Readern und Smartphones geeignet. *essentials* sind Wissensbausteine aus den Wirtschafts-, Sozial- und Geisteswissenschaften, aus Technik und Naturwissenschaften sowie aus Medizin, Psychologie und Gesundheitsberufen. Von renommierten Autorinnen aller Springer-Verlagsmarken.

Alexander Brödner

Vermittlung und Erwerb von Mathematischer Modellierungskompetenz

Zur Förderung eines ganzheitlichen Bildes der Mathematik im Schulunterricht

 Springer Spektrum

Alexander Brödner
Institut für Philosophie
FU Berlin
Berlin, Deutschland

ISSN 2197-6708   ISSN 2197-6716 (electronic)
essentials
ISBN 978-3-662-67081-1   ISBN 978-3-662-67082-8 (eBook)
https://doi.org/10.1007/978-3-662-67082-8

Die Deutsche Nationalbibliothek verzeichnet diese Publikation in der Deutschen Nationalbibliografie; detaillierte bibliografische Daten sind im Internet über http://dnb.d-nb.de abrufbar.

Planung/Lektorat: Andreas Rüdinger
Springer Spektrum ist ein Imprint der eingetragenen Gesellschaft Springer-Verlag GmbH, DE und ist ein Teil von Springer Nature.
Die Anschrift der Gesellschaft ist: Heidelberger Platz 3, 14197 Berlin, Germany

Was Sie in diesem *essential* finden können

- Einen prägnanten Überblick über den immer relevanteren Bereich der Vermittlung von mathematischer Modellierungskompetenz
- Eine Zusammenfassung von Geschichte, Definition und Zielen des Modellierens im Schulkontext
- Zentrale didaktische Perspektiven auf mathematische Modellierungskompetenz
- Die wichtigsten Aspekte der Gestaltung von Modellierungsaufgaben und dazu passenden Lernumgebungen
- Eine Diskussion aller notwendigen Teilkompetenzen und möglicher Hindernisse beim Erwerb von mathematischer Modellierungskompetenz

Inhaltsverzeichnis

Was ist Mathematik? Betrachtet man die fachdidaktische Diskussion unter einem historischen Gesichtspunkt, so fällt auf, dass sich das Bild der Mathematik im Schulunterricht seit Beginn des 20. Jahrhunderts bis heute vielfältig verändert hat. War Mathematik früher zumeist formales Rechnen und der theoretische Umgang mit Kalkülen, so hat sich der Anspruch an einen zeitgemäßen Mathematikunterricht in den letzten Jahrzehnten stark gewandelt. Symptomatisch dafür ist die Einführung der Kompetenzorientierung in den Lehrplänen. Unter dem Titel der prozessorientierten Kompetenzen sollen anwendungsorientierte Fähigkeiten vermittelt werden, die den Schüler*innen langfristig und in verschiedenen Kontexten dabei helfen, lebensweltliche Probleme zu lösen. Für den Mathematikunterricht ist dabei die Kompetenz des Modellierens besonders einschlägig. Schüler*innen sollen durch diese Kompetenz in die Lage versetzt werden, zwischen außermathematischer Welt und Mathematik in beide Richtungen zu übersetzen und im mathematischen Modell zu arbeiten. Der Begriff Modellieren legt den Fokus auf den Prozess des Lösens von Problemen, die in der Realität, d. h. in einer Welt außerhalb der Mathematik auftreten. Modellierungsaufgaben sollen realitätsbezogene und authentische Problemstellungen beinhalten, die im besten Fall eine gesellschaftliche Relevanz aufweisen. Mit der Kompetenz des Modellierens ist somit ein anderes Bild der Mathematik verbunden. Mathematik ist nicht nur formales Rechnen, sondern hat den Anspruch, als bedeutsame Wissenschaft für Kultur und Gesellschaft Werkzeuge für das Bearbeiten von außer-mathematischen Problemen anzubieten. In den letzten Jahren hat sich unter anderem anhand der Covid-19 Pandemie mehr denn je gezeigt, wie Mathematik im Allgemeinen und das mathematische Modellieren im Speziellen zum Verständnis globaler Herausforderungen und Möglichkeiten zu ihrer Bewältigung beiträgt. Deshalb sollte die mathematische Modellierungskompetenz eine zentrale Rolle im Schulunterricht spielen. Dies kann auch zur Vermittlung eines ganzheitlichen Bildes der Mathematik beitragen. Doch der Prozess von Vermittlung und Erwerb einer solchen Kompetenz ist komplex und mit vielfältigen Schwierigkeiten verbunden.

Angesichts dieser Ausgangslage wird im vorliegenden Buch Geschichte und Definition der Modellierungskompetenz im Mathematikunterricht zusammengefasst, die damit verbundenen Ziele und Perspektiven dargestellt, theoretische Hintergrundüberlegungen veranschaulicht, Modellierungsaufgaben und passende Lernumgebungen vorgestellt und auf notwendige Teilkompetenzen und mögliche Hindernisse beim Erwerb von Modellierungskompetenz hingewiesen. Letztendlich wird damit auch der Anspruch der Vermittlung eines ganzheitlichen Bildes der Mathematik im Schulunterricht angesprochen. Als Zusammenfassung der wichtigsten Aspekte des mathematischen Modellierungskompetenz im Schulkontext richtet sich das Buch an Mathematikdidaktiker*innen und Lehrkräfte aller Schulformen.

Historischer Rückblick 2

Erste Forderungen nach einem stärker anwendungsorientierten Mathematikunterricht wurden mit dem sogenannten Meraner Lehrplan zu Beginn des 20. Jahrhunderts artikuliert (Kaiser et al., 2015). An diesem Meraner Lehrplan war unter anderem der Mathematiker Felix Klein (1849–1925) beteiligt. Klein setzte sich für eine Modernisierung des Unterrichts ein, was schließlich in den Meraner Beschlüssen seinen Niederschlag fand (Weigand et al., 2019). Darin wurden eine Orientierung des Mathematikunterrichts am funktionalen Denken, eine verstärkte Einbeziehung der Raumgeometrie und die Einführung der Analysis in den Mathematikunterricht gefordert (Weigand, 2009). Klein entwickelte mit seinen Vorschlägen zum Mathematikunterricht einen zu jener Zeit innovativen Unterrichtsplan, der unter anderem Anwendungen von Mathematik in den Unterricht integrierte und dies auch für die höheren Schulen, vor allem die Gymnasien, forderte. Diese Entwicklung geschah unter dem Druck des rasanten technologischen Fortschritts am Ende des 19. und zu Beginn des 20. Jahrhunderts, der den verständigen Umgang mit Beispielen aus der realen Welt, unter anderem mit Problemen aus dem Ingenieurwesen, nötig machte. Felix Klein plädierte jedoch für eine Ausgewogenheit zwischen anwendungsorientierter und reiner Mathematik im Mathematikunterricht, damit Schüler*innen zum einen Einblicke in die Abstraktheit mathematischer Strukturen erhalten und zum anderen konkrete Anwendungen von Mathematik kennenlernen (Kaiser-Messmer, 1986a). Trotz dieser überzeugenden Argumente war der Mathematikunterricht jedoch noch über Jahrzehnte hinweg durch das Ausführen von Kalkülen ohne jeglichen Bezug zur Realität bestimmt.

Erst beginnend mit dem im Jahr 1968 durchgeführten und unter anderen von dem niederländischen Mathematiker und Wissenschaftsdidaktiker Hans Freudenthal(1905–1990) initiierten Symposium „Why to teach mathematics so as

A. Brödner, *Vermittlung und Erwerb von Mathematischer Modellierungskompetenz*, essentials, https://doi.org/10.1007/978-3-662-67082-8_2

to be useful" (Freudenthal, 1968) änderte sich die Perspektive auf den Mathematikunterricht nachhaltig. In der Folge beschäftigte sich die Fachdidaktik der Mathematik seit etwa den 1970er Jahren zunehmend mit der Integration von Realkontexten nicht nur aus inhaltlicher Perspektive, sondern auch mit Blick auf wissenschaftliche Werkzeuge (Kaiser-Messmer, 1986a, b). Diese Entwicklung folgte dem Anliegen Freudenthals, den schulischen Mathematikunterricht stärker als bislang an den Bedürfnissen der Lernenden auszurichten. Zugleich fand auch der Themenbereich des mathematischen Modellierens aus der angewandten Mathematik mehr Beachtung in internationalen mathematikdidaktischen Diskussionen (Borromeo Ferri et al., 2013). Festzuhalten bleibt, dass der Begriff des Modellierens in seinem heutigen Sinne und vor allem in seiner heutigen schulbezogenen Verwendung erst im Laufe dieser zunehmenden fachdidaktischen Diskussion entwickelt und ausdifferenziert wurde. Während vorher mit dem Begriff des Modellierens vor allem fachmathematische Aspekte in den Vordergrund gestellt wurden (z. B. die Entwicklung und Anwendung mathematischer Modelle in der angewandten Mathematik), gelangte nun weit stärker der Prozesscharakter des Modellierens und damit die Tätigkeit des Modellierens (im Sinne des Durchlaufens eines Modellierungskreislaufes) ins Blickfeld (Pollak, 1977). Seit dieser Zeit stehen das Modellieren als Prozess sowie die Integration von Anwendungen und Modellierungen in den Mathematikunterricht im Fokus didaktischer Untersuchungen und vielfältiger Forschungsaktivitäten.

Ausgehend von den in den 1970er Jahren beginnenden Diskursen spielte auch die Integration des Modellierens in viele nationale Curricula eine bedeutende Rolle in der fachdidaktischen Diskussion und damit einhergehend in der Lehrer*innenbildung. Etwa seit Mitte der 1990er Jahre wurde in Deutschland das Verständnis mathematischen Modellierens als einer prozessbezogenen Kompetenz im Zuge der Entwicklung einheitlicher bundesweiter Bildungsstandards für das Fach Mathematik seitens der Konferenz der Kultusminister der Länder (KMK) als eine der sechs allgemeinen mathematischen Kompetenzen definiert, die Schule, neben den inhaltsbezogenen mathematischen Kompetenzen, fördern soll. Damit hielt das mathematische Modellieren Einzug in die Standards für den Mathematikunterricht (Greefrath et al., 2013) und wurde über alle Schulstufen hinweg zu einer der verpflichtenden allgemeinen mathematischen Kompetenzen (KMK, 2003, 2004a, b, 2012), die sich heute auch in den jeweiligen Lehrplänen wiederfindet. Hierauf soll im folgenden Abschnitt noch etwas detaillierter eingegangen werden.

Modellieren als Kompetenz im Mathematikunterricht

3

Durch das im internationalen Vergleich relativ schlechte Abschneiden der deutschen Schüler*innen in internationalen Vergleichsstudien (TIMSS, PISA) wurde in Deutschland um die Jahrtausendwende eine lebhafte bildungspolitische Diskussion angestoßen. Die Kultusministerkonferenz der Bundesländer (KMK) als zuständiges übergeordnetes Gremium einigte sich darauf, in staatlichen Schulen regelmäßig Leistungsüberprüfungen durchzuführen, die als Datengrundlage für die künftige Entwicklung des deutschen Bildungssystems fungieren sollen. Dies ist wegen der Kulturhoheit der Länder nur auf der Grundlage allgemeiner administrativer Festlegungen durch sogenannte „Bildungsstandards"[1] möglich. Sie sollen unter anderem die Qualität des Unterrichts sichern, den Unterricht weiterentwickeln und vergleichbare Leistungen in den Bundesländern sichern.

Es war eine weitere Konsequenz aus dem sogenannten PISA-Schock[2], dass intensiv darüber diskutiert wurde, wie Anwendungen im Mathematikunterricht einen höheren Stellenwert bekommen könnten. Nicht träges Wissen, an das man sich allenfalls über einen kurzen Zeitraum hinweg erinnert, sollte im Unterricht

---

[1] Das bedeutet aber keineswegs standardisierten, einheitlichen Unterricht: In den Bundesländern konkretisieren Lehrplankommissionen die Bildungsstandards für den Unterricht. Außerdem sollen möglichst alle Schulen eines Bundeslandes eigene Schwerpunkte zur Förderung und Verbesserung der Unterrichtsqualität setzen (Kircher et al., 2020).

[2] PISA – das ist das „Program for International Student Assessment". Alle drei Jahre werden dabei die Kompetenzen von 15-jährigen Jugendlichen in vielen Ländern der Welt in Bezug auf Lesen, Mathematik und Naturwissenschaften verglichen. Als im Jahr 2000 der erste PISA-Test geschrieben wurde, waren zwar für Fachleute die Ergebnisse nicht überraschend, aber es war sicherlich nicht absehbar, welche Folgen das für das Bildungssystem haben sollte. In dieser internationalen Studie zeigten deutsche Schüler*innen entgegen der öffentlichen Erwartung allenfalls mittelmäßige Leistungen und landeten nicht nur in der Mathematik, sondern auch im Lesen und der naturwissenschaftlichen Grundbildung unterhalb des Durchschnitts der OECD (Reiss & Hammer, 2013).

A. Brödner, *Vermittlung und Erwerb von Mathematischer Modellierungskompetenz*, essentials, https://doi.org/10.1007/978-3-662-67082-8_3

erworben werden, sondern es sollten vielfältig nutzbare und nützliche Kenntnisse vermittelt werden, die langfristig und in unterschiedlichen Kontexten zur Verfügung stehen. (Mathematische) Inhalte zu kennen ist nicht gleichbedeutend damit, sie auch nutzen zu können. Zur Kompetenz gehört neben dem Fachwissen die Fähigkeit zu seiner Anwendung in geeigneten Situationen. Entsprechend findet sich in den Bildungsstandards der KMK als Ziel des Mathematikunterrichts auch die Vermittlung sogenannter allgemeiner mathematischer Kompetenzen, die auf das mathematische Denken und Handeln fokussieren. Weinert (2002) definiert in diesem Zusammenhang Kompetenz allgemein als

> „die bei Individuen verfügbaren oder durch sie erlernbaren kognitiven Fähigkeiten und Fertigkeiten, um bestimmte Probleme zu lösen, sowie die damit verbundenen motivationalen, volitionalen und sozialen Bereitschaften und Fähigkeiten, um die Problemlösungen in variablen Situationen erfolgreich und verantwortungsvoll nutzen zu können" (Weinert, 2002, S. 27).

Die Bedeutung solcher als Standards gesetzten allgemeinen (prozessbezogenen) Kompetenzen für den alltäglichen Unterricht bzw. das Lehren und Lernen von Mathematik ist nicht zu unterschätzen. Erst in der Kombination aus inhaltlichen und prozessbezogenen Kompetenzen entsteht ein Bild von Mathematik, das sich weder im Rechnen oder Bereitstellen von Rechenverfahren noch in einer einfachen Orientierung an Aufgaben oder Anwendungen erschöpft (Reiss & Hammer, 2013). Deshalb umfasst das von der KMK entwickelte und anschließend in die schulischen Rahmenlehrpläne übernommene Kompetenzmodell für das Fach Mathematik die in der mathematischen Bildung (aller Schulstufen) verknüpften prozessbezogenen mathematischen Kompetenzen und inhaltsbezogenen mathematischen Kompetenzen, die in sogenannte Leitideen eingeteilt sind (KMK, 2003, 2004a, b, 2012).[3] Exemplarisch für Berlin zeigt dies die folgende Übersicht aus dem Rahmenlehrplan der Klassenstufen 1–10 (SenBJF, 2017, S. 5):

Prozessbezogene mathematische Kompetenzbereiche	Inhaltbezogene mathematische Kompetenzbereiche (Leitideen)
[K1] Mathematisch argumentieren	[L1] Zahlen und Operationen
[K2] Probleme mathematisch lösen	[L2] Größen und Messen
[K3] Mathematisch modellieren	[L3] Raum und Form

---

[3] Die dritte Dimension des Kompetenzmodells sind die sogenannten Anforderungsbereiche oder -niveaus, die den Anspruch des mathematischen Handels auf unterschiedlichen Niveaus genauer definieren (KMK, 2012). Da diese Anforderungsbereiche hier jedoch keine zentrale Rolle spielen, wird an dieser Stelle nicht detaillierter auf sie eingegangen.

Prozessbezogene mathematische Kompetenzbereiche	Inhaltbezogene mathematische Kompetenzbereiche (Leitideen)
[K4] Mathematische Darstellungen verwenden	[L4] Gleichungen und Funktionen
[K5] Mit symbolischen, formalen und technischen Elementen der Mathematik umgehen	[L5] Daten und Zufall
[K6] Mathematisch kommunizieren	

Zu den prozessbezogenen mathematischen Kompetenzen zählen exemplarisch im Berliner Rahmenlehrplan neben dem in hier im Zentrum stehenden mathematischen Modellieren das mathematische Argumentieren[4], das Problemlösen[5], die Verwendung mathematischer Darstellungen[6], der Umgang mit symbolischen, technischen und formalen Elementen der Mathematik[7] und das mathematische Kommunizieren[8]. Wie die Kompetenz des mathematischen Modellierens inhaltlich ausgestaltet wird, ist in den Standards für die Allgemeine Hochschulreife der KMK wie folgt beschrieben:

„Hier geht es um den Wechsel zwischen Realsituationen und mathematischen Begriffen, Resultaten oder Methoden. Hierzu gehört sowohl das Konstruieren passender mathematischer Modelle als auch das Verstehen oder Bewerten vorgegebener Modelle. Typische Teilschritte des Modellierens sind das Strukturieren und Vereinfachen gegebener Realsituationen, das Übersetzen realer Gegebenheiten in mathematische Modelle, das Interpretieren mathematischer Ergebnisse in Bezug auf Realsituationen und das Überprüfen von Ergebnissen im Hinblick auf Stimmigkeit und Angemessenheit bezogen auf die Realsituation. Das Spektrum reicht von Standardmodellen (z.b. bei linearen Zusammenhängen) bis zu komplexen Modellierungen." (KMK, 2012, S. 15)

---

[4] Beweise sind das Kerngeschäft der Mathematik, aber hier geht es auch um Begründungen, Erläuterungen oder um das Stellen von Fragen, die für das Fach charakteristisch sind, wie etwa die nach Veränderungen, Allgemeingültigkeit, Existenz (SenBJF, 2017).

[5] Dazu gehört es, Probleme zu bearbeiten, geeignete Hilfsmittel zu finden, die Plausibilität einer Lösung zu prüfen (SenBJF, 2017).

[6] Hier geht es um unterschiedliche Darstellungen mathematischer Objekte, aber auch um die Vermittlung zwischen ihnen und den sinnvollen Wechsel (SenBJF, 2017).

[7] Die Sprache der Mathematik kann formale Elemente wie Variablen, Terme, Gleichungen, Funktionen, Diagramme und Tabellen umfassen. Die angemessene Arbeit damit gehört zu dieser Kompetenz genauso wie etwa der Umgang mit einem Taschenrechner oder mit Software (SenBJF, 2017).

[8] Anderen zu erläutern, worum es bei einem mathematischen Problem (und seiner Lösung) geht, und ihre mathematischen Ideen zu verstehen, ist ein wesentlicher Aspekt. Dazu gehört auch eine angemessene Verwendung der Fachsprache (SenBJF, 2017).

Im Berliner Rahmenlehrplan für die gymnasiale Oberstufe wird dies wortgetreu aufgegriffen. Ebenfalls sehr eng an diese Formulierung hält sich die folgende Beschreibung aus dem Berliner Rahmenlehrplan für die Klassenstufen 1 bis 10:

> „Beim mathematischen Modellieren werden in der Regel reale Situationen in mathematische Modelle übersetzt, dort gelöst und zurück in die reale Situation übertragen. Es können auch mathematische Situationen durch reale Handlungen oder Bilder beschrieben werden, die dann als Modell verwendet werden können. Mathematisches Modellieren lässt sich damit als eine Verknüpfung der Schritte Vereinfachen, Mathematisieren, Bearbeiten, Interpretieren und Validieren beschreiben." (SenBJF, 2017, S. 7)

Beide Beschreibungen zeigen: Schüler*innen sollen in der Lage sein, zwischen Realität und Mathematik in beide Richtungen zu übersetzen und im mathematischen Modell zu arbeiten. Der Begriff Modellieren legt den Fokus auf den Prozess des Lösens von Problemen aus der Realität außerhalb der Mathematik (Greefrath et al., 2013). Mit Modellieren wird die Tätigkeit bezeichnet, durch die ein mathematisches Modell mit Blick auf ein bestimmtes Anwendungsproblem erstellt und bearbeitet wird. Das Modellieren ist ein zentraler Teil des Sachrechnens. Der Ausdruck ›Sachrechnen‹ bezeichnet allgemein die Auseinandersetzung mit der Umwelt im Mathematikunterricht. Geht man von einem Problem in der Realität aus und beginnt dies mit mathematischen Methoden zu lösen, so steht das Modellieren im Mittelpunkt (Greefrath, 2018). Die Definition des Modellierens beschreibt globale Modellierungskompetenzen, wobei sich das Modellieren selbst in gewisse Teilprozesse unterteilen lassen. So kann man unter Modellierungskompetenz die Fähigkeit verstehen, mathematische Modelle zu konstruieren, zu nutzen oder anzupassen, indem die Prozessschritte adäquat und problemangemessen ausgeführt werden, sowie gegebene Modelle zu analysieren oder vergleichend zu beurteilen (Blum, 2015). Dies wird weiter unten genauer ausgeführt (vgl. Abschn. 8.1).

Da das Modellieren in den Bildungsstandards neben den inhaltsbezogenen Leitideen wie beispielsweise ‚Raum und Form‘, ‚Funktionaler Zusammenhang‘ und ‚Daten und Zufall‘ sowie neben weiteren allgemeinen Kompetenzen wie z. B. Problemlösen und Argumentieren steht, muss das Modellieren stets im Zusammenspiel mit Inhalten und weiteren allgemeinen Kompetenzen betrachtet werden. Modellierungskompetenz wird in der Auseinandersetzung mit den mathematischen Inhalten aus den Leitideen erworben (Greefrath, 2018). Dabei kann das mathematische Modellieren ganz unterschiedliche Themen und Inhalte aufnehmen. Da zudem die gestellte Aufgabe in vielen Fällen die Wahl unterschiedlicher Lösungswege erlaubt, worauf an anderer Stelle noch eingegangen

wird (vgl. Abschn. 6.2), können Schüler*innen selbständig und eigenverant-
wortlich ihre Kompetenzen aus unterschiedlichen Inhaltsbereichen heranziehen.
Je nach gestellter Aufgabe ist daher unter Umständen nicht nur ein an eine
bestimmte Stufe angepasstes, sondern auch ein stufenübergreifendes Lösen möglich. Deswegen kann und soll das mathematische Modellieren bereits in der
Primarstufe gefördert werden. Maaß (2009) betont hierzu, dass durch das Bearbeiten von Modellierungsaufgaben nicht nur die prozessbezogene Kompetenz des
Modellierens selbst, sondern auch die unterschiedlichsten inhaltlichen mathematischen Kompetenzen gefördert werden, und plädiert deshalb dafür, Modellierungsaufgaben durchaus auch unabhängig vom inhaltsbezogenen Curriculum in
den Unterricht (jeder Stufe) zu integrieren.

Dass die Kompetenz des mathematischen Modellierens in den letzten Jahren
zunehmend an Beachtung und Bedeutung innerhalb fachdidaktischer Diskussionen und Forschungen gewonnen hat, ist nicht nur ein Effekt der allgemeineren
Debatte über die Integration von Realitätsbezügen in den Mathematikunterricht,
sondern liegt auch daran, dass bei der Förderung dieser Kompetenz, wie bereits
angedeutet, zugleich (zumindest indirekt) auch andere prozessbezogene Kompetenzen gefördert werden. Darauf wird an anderer Stelle noch etwas detaillierter
eingegangen (vgl. Abschn. 8.1).

Ziele und Perspektiven des Modellierens im Mathematikunterricht

4

Bevor im weiteren Verlauf theoretische Hintergründe des mathematischen Modellierens und entsprechende Bedingungen im schulischen Mathematikunterricht betrachtet werden, soll zunächst auf die allgemeine fachdidaktische Diskussion um Ziele und Perspektiven des Modellierens im Unterricht eingegangen werden. Dabei ist generell anzumerken, dass sich in dem entsprechenden fachdidaktischen Diskurs zwischen ‚Perspektiven' und ‚Zielen' zwar teilweise Unterschiede, andererseits aber auch grundsätzliche Gemeinsamkeiten zeigen, sodass in der Literatur Perspektiven und Ziele häufig nicht oder zumindest nicht trennscharf voneinander abgegrenzt werden. Teilweise nehmen Autor*innen auch mehrere Perspektiven ein und verfolgen mit ihren Arbeiten mehrere Ziele. Einige der für den deutschsprachigen Raum relevanten Perspektiven sollen im Folgenden nun näher beleuchtet und sodann entsprechend formulierte Ziele exemplarisch und zusammenfassend betrachtet werden.

4.1 Fachdidaktische Perspektiven auf das Modellieren

Kaiser-Messmer (1986a) unterscheidet auf Basis ihrer Analyse internationaler Perspektiven auf Anwendungen und auf das Modellieren im Mathematikunterricht zwischen zwei hauptsächlichen Richtungen (Kaiser-Messmer, 1986a): Die sogenannte wissenschaftlich-humanistische Strömung fokussiert mit Vertretern wie Hans Freudenthal (Freudenthal, 1968) eher die Mathematisierungsprozesse, die Theorieentwicklung aus der erlebten Wirklichkeit der Lernenden und die humanistischen Ideale von Erziehung. Die pragmatische Strömung zeichnet sich mit Vertretern wie Henry Pollak (Pollak, 1968) durch eine utilitaristische Zielsetzung in Form der Befähigung zur Lösung alltäglicher Problemsituationen unter Zuhilfenahme von Mathematik aus. Etwas spezifischer lassen sich in der zeitgenössischen Debatte verschiedene Ansätze des mathematischen Modellierens klassifizieren. Diese Klassifizierung erfolgt zumeist anhand der verfolgten Ziele, des erkenntnistheoretischen Hintergrundes sowie der Beziehung zu älteren Modellierungsansätzen (Kaiser et al., 2015):

1) In der Perspektive des *realistischen oder angewandten Modellierens* wird das Lösen realer Probleme und die Förderung von Modellierungskompetenzen ins Zentrum gestellt. Theoretisch gründet sich diese Richtung auf pragmatische Ansätze des Modellierens und verfolgt das Ziel eines besseren Verständnisses der Welt durch die Anwendung von Mathematik. Es werden vorwiegend authentische, unwesentlich vereinfachte Problemstellungen bearbeitet (Greefrath et al., 2013).

2) Die Perspektive des *epistemologischen oder theoretischen Modellierens* fußt auf einem wissenschaftlich-humanistischen Ansatz und fokussiert auf theorieorientierte Ziele. Das heißt die Anwendung von Mathematik in der Realität soll zu einer Weiterentwicklung der Mathematik beitragen. Somit liegt der Fokus weniger auf Übersetzungsprozessen zwischen der Mathematik und der außermathematischen Realität, es werden vielmehr reale Situationen als Mittler eingesetzt, um innermathematische Sachverhalte zu thematisieren und hierdurch einen wissenschaftlichen Erkenntnisgewinn zu erreichen (Kaiser et al., 2015). Da sowohl außer- als auch innermathematische Themen behandelt werden und die verwendeten Textaufgaben oft bewusst künstlich und realitätsfern sind, ist der Realitätsgehalt der verwendeten Aufgaben weniger authentisch (Greefrath et al., 2013).

3) Vertreter*innen des *pädagogischen Modellierens* betonen neben inhaltsbezogenen auch prozessbezogene Ziele. Es lässt sich hierbei genauer zwischen didaktischem und begrifflichem Modellieren unterscheiden (Kaiser et al., 2015). Der didaktische Ansatz verfolgt zum einen die Förderung, zum anderen die Strukturierung der Lernprozesse beim Modellieren. Beim begrifflichen Ansatz stehen das Verständnis und die Entwicklung der Konzepte im Vordergrund. Beide zielen auf die Vermittlung von didaktischem und lerntheoretischem Metawissen. Demnach werden die eingesetzten Aufgaben explizit für den Mathematikunterricht konzipiert und sind wesentlich vereinfacht (Greefrath et al., 2013).

4) Beim *kontextuellen Modellieren* werden durch herausfordernde reale Situationen mathematische Aktivitäten stimuliert, um hierdurch auch Modellierungsaktivitäten anzuregen. Dabei ist das Hineinversetzen der Lernenden in reale Anwendungsfelder und das Nachvollziehen der jeweiligen Tätigkeiten, die durch vielfältige Modellierungsaufgaben aufgeschlossen werden können, zentral (Kaiser et al., 2015).

5) In der Perspektive des *soziokritischen oder soziokulturellen Modellierens* werden pädagogische Ziele wie beispielsweise ein kritisches Verständnis der umgebenden Welt angestrebt. Innerhalb dieser Perspektive wird die Bedeutung der Mathematik in der Gesellschaft betont und damit auch die Rolle, die Mathematik bei der Aufklärung von gesellschaftlichen Phänomenen wie Umweltfragen oder ökonomischen Zusammenhängen spielen kann. Dabei wird auch gefordert, die Rolle und die Natur mathematischer Modelle sowie die Funktion des mathematischen Modellierens in der Gesellschaft in den Mittelpunkt zu stellen und kritisch zu analysieren (Kaiser et al., 2015). Somit stehen weder der Modellierungsprozess an sich noch entsprechende Visualisierungen im Vordergrund (Greefrath et al., 2013).

6) Die Perspektive des *kognitiven Modellierens* kann als eine Art Meta-Perspektive beschrieben werden. Sie hebt die Analyse sowie das Verstehen von kognitiven Prozessen während des Modellierens hervor (Greefrath et al., 2013). Auch die Förderung von mathematischen Denkprozessen durch die Verwendung von Modellen als mentalen oder physischen Bildern sowie durch die Betonung des Modellierens als eines mentalen Prozesses spielt eine Rolle. Demnach ist kognitives Modellieren stark forschungsbezogen (Kaiser et al., 2015).

4.2 Ziele des Modellierens im Unterricht

Die im vorherigen Abschnitt skizzierten fachdidaktischen Perspektiven auf das Modellieren lassen bereits erkennen, dass mit dem Modellieren nicht ganz unterschiedliche Ziele verfolgt werden, aber doch unterschiedliche Schwerpunkte gesetzt werden. Ganz allgemein kann festgehalten werden, dass die meisten Autor*innen zwischen inhaltlichen, prozessorientierten und allgemeinen Zielen des Modellierens unterscheiden, dabei jedoch teilweise unterschiedliche Akzentuierungen vornehmen. Einige dieser Ansätze sollen hier exemplarisch verdeutlicht und zusammenfassend dargestellt werden.

Greefrath et al. (2013) erläutern in diesem Zusammenhang die drei Arten von Zielen – inhaltliche, prozessorientierte und generelle – wie folgt:

1) Unter *inhaltlichen Zielen* versteht man solche Ziele, die die Fähigkeit der Schüler*innen in den Blick nehmen, Phänomene der realen Welt mit mathematischen Mitteln zu erkennen und zu verstehen. Das Ziel ist hier die Befähigung zur Wahrnehmung und zum Verstehen von Erscheinungen unserer Welt.

2) Unter *prozessorientierten Zielen* versteht man solche, die die Ausbildung der Problemlösefähigkeiten sowie eines allgemeinen Mathematikinteresses fokussieren. Modellierungsaufgaben im Unterricht ermöglichen zudem in besonderer Weise die Förderung des Kommunizierens und des Argumentierens. Ebenfalls auf den Lernprozess bezogen sind lernpsychologische Ziele. In ihnen steht das bessere Verstehen mathematischer Inhalte durch die Arbeit an Modellierungen im Vordergrund. Auch die Motivation durch Anwendungen im Mathematikunterricht ist ein häufig genanntes Ziel im Zusammenhang mit Modellierungsaufgaben, ebenso wie die Weckung und Steigerung des Interesses an Mathematik.

3) *Generelle Ziele* sind solche, die sich auf den Aufbau eines ausgewogenen Bildes der Mathematik als Wissenschaft, die verantwortungsvolle Teilnahme an der Gesellschaft und die kritische Beurteilung alltäglicher Modelle sowie den Aufbau sozialer Kompetenzen beziehen. Dazu zählt auch die Erziehung zum verantwortungsvollen Mitglied der Gesellschaft, das in der Lage ist, verwendete Modelle wie z. B. Steuermodelle kritisch zu beurteilen (Greefrath et al., 2013).

Eine etwas andere Kategorisierung findet sich bei Blum (2015), der vier mit dem Lehren und Lernen des Modellierens verbundene Ziele beschreibt:

1) *Pragmatische Ziele* sind solche, die das Verstehen und Meistern realer Situationen in den Vordergrund stellen. Dies bedingt eine explizite Auseinandersetzung mit geeigneten Anwendungs- und Modellierungsbeispielen. In diesen Fällen lässt sich kein adäquater Transfer aus innermathematischen Aktivitäten erwarten.

2) *Formative Ziele* sind solche, die auch das Ausbilden allgemeiner mathematischer Kompetenzen durch Modellierungsaktivitäten umfassen. So kann z. B. das mathematische Argumentieren durch Plausibilitätsprüfungen weiterentwickelt werden. Jedoch lassen sich insbesondere Modellierungskompetenzen nur in der Auseinandersetzung mit geeigneten Anwendungs- und Modellierungsbeispielen erwerben.

3) Von *kulturellen Zielen* kann man sprechen, wenn es um den Aufbau eines ausgewogenen Bildes der Mathematik als Wissenschaft in einem umfassenden Sinn geht. Dafür ist die Behandlung von Phänomenen aus der realen Welt mit Hilfsmitteln der Mathematik unverzichtbar.

4) Um *psychologische Ziele* handelt es sich dann, wenn das Modellieren darauf abzielt, das Interesse der Schüler*innen an Mathematik zu wecken, sie zur Beschäftigung mit mathematischen Inhalten zu motivieren und diese verständnisfördernd zu strukturieren. Dazu kann die Auseinandersetzung mit Beispielen aus der außermathematischen Realität beitragen (Blum, 2015).

Zusammenfassend lässt sich aus den beiden angeführten Beispielen bereits hervorheben, dass mit dem Modellieren im Mathematikunterricht Ziele verbunden werden, die den Schüler*innen neben dem Erwerb der Modellierungskompetenz auch neue (mathematikbezogene) Handlungs- und Denkweisen und ein erweitertes oder umfassenderes Bild der Mathematik ermöglichen sollen. Ähnlich beschreibt dies, um ein weiteres Beispiel anzuführen, auch Maaß (2005), die zwischen methodologischen, kulturbezogenen, pragmatischen, lernpsychologischen und pädagogischen Zielen unterscheidet. Dabei betont die Autorin neben der

Vermittlung von Modellierungskompetenzen noch einmal explizit die Bedeutung einer Integration von Realitätsbezügen in den Mathematikunterricht.

Unter **1)** *methodologischen Zielen* versteht die Autorin, dass Modellierungen und Realitätsbezüge Schüler*innen Kompetenzen zum Anwenden von Mathematik in einfachen und komplexen unbekannten Situationen vermitteln sollen. Als **2)** *kulturbezogene Ziele* hebt sie hervor, dass Modellierungen und Realitätsbezüge den Schüler*innen ein ausgewogenes Bild von Mathematik als Wissenschaft und ihrer Bedeutung für Kultur und Gesellschaft vermitteln. Als **3)** *pragmatische Ziele* beschreibt sie, dass Realitätsbezüge im Mathematikunterricht Schüler*innen dabei helfen, aus dem Unterricht bekannte Umweltsituationen zu verstehen und zu bewältigen. Unter **4)** *lernpsychologischen Zielen* versteht die Autorin, dass realitätsbezogene Modellierungsbeispiele den Schüler*innen dabei helfen, eine aufgeschlossene Einstellung gegenüber dem Mathematikunterricht zu entwickeln und sie beim Behalten und Verstehen von mathematischen Inhalten unterstützen. **5)** *Pädagogische Ziele* schließlich sieht sie darin, dass realitätsbezogene Modellierungen im Mathematikunterricht helfen heuristische Strategien, Problemlöse- und Argumentationsfähigkeiten zu entwickeln und zu fördern sowie ein kreatives Verhalten der Schüler*innen unterstützen (Maaß, 2005).

In den mathematikdidaktischen Diskussionen der letzten Jahrzehnte entwickelten sich, so lässt sich zusammenfassend das bisher Beschriebene festhalten, unterschiedliche fachdidaktische Perspektiven auf das Modellieren im Schulunterricht, die wiederum unterschiedliche Ziele in den Vordergrund stellen. Dabei ist jedoch anzumerken, dass sich zwischen den Perspektiven und Zielen zwar gewisse, zumeist eher terminologische Unterschiede zeigen, aber durchaus auch grundsätzliche Gemeinsamkeiten bestehen. So ensprechen die inhaltlichen Ziele bei Greefrath et al. (2013) den pragmatischen Zielen bei Blum (2015) und Maaß (2005). Die prozessorientierten Ziele bei Greefrath et al. (2013) sind gleichzusetzen mit den formativen Zielen bei Blum (2015) und den methodologischen Zielen bei Maaß (2005). Die generellen Ziele bei Greefrath et al. (2013) entsprechen wiederum den kulturellen und psychologischen Zielen bei Blum (2015) sowie den kulturbezogenen und lernpsychologischen Zielen bei Maaß (2005). Trotz unterschiedlicher terminologischer Beschreibung gibt es also zentrale Elemente, die übereinstimmen.

Zudem kann als gemeinsamer Nenner der unterschiedlichen Perspektiven und Zielsetzungen noch einmal herausgestellt werden, dass das Modellieren im Mathematikunterricht nicht nur der Förderung und dem Erwerb der eigentlichen Modellierungskompetenz dient, sondern auch der Integration von Realitätsbezügen in den Mathematikunterricht und damit der Vermittlung eines umfassenden Bildes der Mathematik. Phänomene der realen Welt sollen mit mathematischen

Mitteln erkannt und verstanden werden. Dabei wird ein ganzheitliches Bild der Mathematik als Wissenschaft und ihrer Bedeutung für Kultur und Gesellschaft erworben und die verantwortungsvolle Teilnahme an der Gesellschaft im Sinne einer kritischen Beurteilung alltäglicher Modelle eingeübt.

Theoretischer Hintergrund 5

Bevor wir uns der Bestimmung von Modellierungsaufgaben zuwenden, sollen im Folgenden grundlegende theoretische Hintergrundüberlegungen zur Kompetenz des Modellierens betrachtet werden. Dabei handelt es sich um das Konzept von mathematischen Modellen, den Modellierungsprozess im Allgemeinen sowie spezielle Modellierungskreisläufe.

5.1 Modelle

Ein für das Modellieren charakteristischer Schritt ist die Konstruktion eines mathematischen Modells. Unter einem mathematischen Modell wird ein vereinfachter und formalisierter Teil der realen Welt, oder formal ein Tripel (R, M, f) bestehend aus einem Ausschnitt der Realität R, einer Teilmenge der mathematischen Welt M und einer geeigneten Abbildung f von R nach M verstanden (Galbraith et al., 2007). Somit besteht ein mathematisches Modell im Allgemeinen aus definierten Objekten (Punkten, Vektoren, Funktionen etc.), die den für die reale Ausgangssituation wesentlichen Elementen entsprechen, und aus bestimmten Beziehungen zwischen diesen Objekten, die die realweltlichen Beziehungen zwischen den Elementen abbilden. Zur Bildung eines mathematischen Modells ist es zielführend, einen Teil der Realität vom Rest der Welt abzutrennen und nur den abgetrennten Teil als vereinfachtes System zu untersuchen (Ebenhöh, 1990). Durch die Konstruktion und die Nutzung eines mathematischen Modells können Probleme, die in einem Teil der realen (nicht-mathematischen) Welt auftreten, gelöst werden. Dabei stehen nicht nur pragmatisch anwendungsbezogene Probleme im Fokus, sondern auch theoretische Probleme, die auf das Beschreiben, Verstehen, Erklären oder Entwerfen von Teilen der Welt abzielen (Galbraith et al., 2007).

A. Brödner, *Vermittlung und Erwerb von Mathematischer Modellierungskompetenz*, essentials, https://doi.org/10.1007/978-3-662-67082-8_5

Durch die meist unzureichende Abbildung der komplexen Realität in einem
mathematischen Modell hat die Behandlung anwendungsbezogener Probleme
jedoch Grenzen. Da ein Hauptaugenmerk bei der Konstruktion mathematischer
Modelle gerade auf der Möglichkeit einer in ihrer Komplexität reduzierten Dar-
stellungsform und einer mathematischen Verarbeitung realer Daten liegt, ist diese
unvollständige Abbildung aber durchaus erwünscht (Greefrath, 2018). Es wird
nur ein bestimmter Ausschnitt der Realität in die mathematische Welt übersetzt. Da solche Vereinfachungen und Formalisierungen auf unterschiedliche Art
und Weise möglich sind, unterscheiden sich auch die jeweiligen mathematischen
Modelle. Alle Modelle haben jedoch den Anspruch auf Widerspruchsfreiheit,
Zweckmäßigkeit und Stimmigkeit (Greefrath et al., 2013).

Je nach beabsichtigter Verwendung lassen sich mathematische Modelle ver-
schieden klassifizieren. Nicht jede vereinfachende Darstellung eines realen Sach-
verhalts ist per se ein Modell. Zudem gibt es unterschiedliche mathematische
Modelle, denen – je nach beabsichtigter Verwendung – in der Literatur grundsätzlich zwei Funktionen zugeschrieben werden. Es kann unterschieden werden
zwischen deskriptiven Modellen, die einen gewissen Gegenstandsbereich der
Realität bzw. eine reale Problemsituation ab- oder nachbilden, und normativen
Modellen, die gewissen realweltlichen Situationen als Vorbild dienen (Greefrath,
2018). Normative Modelle dienen zur Schaffung von Realität, indem mathematische Vorschriften entwickelt werden, die für Entscheidungen verwendet werden
können (z. B. bei der Festlegung von Steuern oder bei Konstruktionszeichnun-
gen). Deskriptive Modelle hingegen dienen der Abbildung von Realität (z. B. der
Beschreibung naturwissenschaftlicher Phänomene, etwa auch in prognostischer
Absicht wie im Fall der Wettervorhersage) (Freudenthal, 1978).

Wie in Abb. 5.1. dargestellt, ist es weiterhin möglich, bei deskriptiven Modellen zwischen rein beschreibenden Modellen und jenen zu unterscheiden, die
zudem Zusammenhänge erklären (explikative Modelle). Darüber hinaus existieren
Modelle, die zusätzlich Voraussagen treffen (deterministische und probabilistische
deskriptive Modelle) (Greefrath, 2010).

5.2   Modellierungsprozess

Der Kern des mathematischen Modellierens ist – wie in den Bildungsstandards
beschrieben – das Übersetzen eines Problems aus der Realität in die Mathematik, das Arbeiten mit mathematischen Methoden und das Übertragen der
mathematischen Lösung auf das reale Problem. Die Beschreibungen aus den
Bildungsstandards sind im idealisierten Kreislauf in Abb. 5.2 dargestellt.

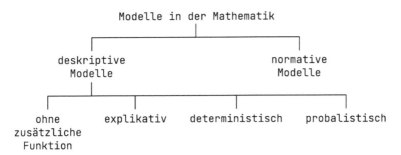

Abb. 5.1 Kategorisierung der Modelle in der Mathematik nach Greefrath (2010), S. 44

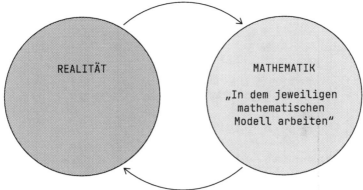

Abb. 5.2 Idealisierter Modellierungsprozess nach KMK (2004), S. 8

Somit ist an dieser Stelle noch einmal festzuhalten: Die zentrale Bedeutung des Modellierens liegt darin, „komplexe realistische Probleme mithilfe von Mathematik zu lösen. Der grundlegende Gedanke des Modellierens und damit des Anwendens von Mathematik auf die Realität ist die Erstellung eines Modells"

(Maaß, 2011, S. 3). Mathematisches Modellieren beschreibt also einen Prozess,
der „ausgehend von einer Fragestellung aus der Realität, deren Übertragung in die
Sprache der Mathematik, [die] Bearbeitung des so entstandenen mathematischen
Problems sowie die Interpretation und Prüfung der Ergebnisse in Hinblick auf
die Bedeutung für die Ausgangsfragestellung" umfasst (Stender, 2016, S. 11).
Zentral für diesen Prozess ist die Annahme, dass realistische Sachverhalte und
Problemstellungen häufig zu komplex sind, um sie direkt mathematisch lösen zu
können. Dies macht die Entwicklung eines Modells durch Vereinfachung oder
Reduktion notwendig, in dem dann mathematisch gearbeitet werden kann. Das
Modell ermöglicht es, „die komplexe Realität so zu transformieren, dass sie für
die abstrakte Mathematik greifbar wird" (Maaß, 2011, S. 3). Anders ausgedrückt:
„Ein Modell ist eine vereinfachende Darstellung des realen Sachverhaltes, die
nur gewisse, für die jeweilige Fragestellung relevante Teilaspekte der Situation
berücksichtigt" (Maaß, 2018). Wenn also ein Modell dazu dient, komplexe Problemstellungen zu vereinfachen und damit einer mathematischen Bearbeitung
zugänglich zu machen, ist die entscheidende Frage, wie man von einem Problem in der Realität zu einem Modell und von dem Modell zu einer Lösung
des Problems gelangt (Maaß, 2018). Allgemeiner könnte man fragen: Wie kann
der Modellierungsprozess strukturiert in einem Schema dargestellt werden? Diese
Frage führt zur folgenden Betrachtung von Modellierungskreisläufen.

5.3   Modellierungskreisläufe

Eine Darstellung des komplexen Modellierungsprozesses, wie er idealtypisch
und linearisiert durchlaufen werden kann, erfolgt in der Literatur anhand eines
Kreislaufs, des sogenannten Modellierungskreislaufs, der streng genommen somit
selbst wieder ein Modell des Modellierungsprozesses ist (Greefrath et al., 2013).
Während die Darstellung eines vereinfachten Sachverhaltes mittels eines Modells
noch keine prozessbezogene Tätigkeit darstellt, wird durch den Modellierungskreislauf der Prozess in den Vordergrund gestellt. Solche Kreislaufmodelle
werden zielgerichtet erstellt und unterscheiden sich demnach in bewusst differen-
zierter Weise voneinander. So dienen sie beispielsweise der Veranschaulichung
des Modellierens oder werden von Lernenden als Hilfe bei der Bearbeitung
von Modellierungsaufgaben genutzt. Aufgrund ihrer umfangreichen theoretischen
Fundierung stellen sie einen eigenen Lerninhalt dar und fungieren darüber hinaus
als Grundlage für empirische Untersuchungen (Greefrath et al., 2013).

Innerhalb der fachmathematischen wie auch der fachdidaktischen Diskussion lassen sich eine ganze Reihe von unterschiedlichen Modellierungskreisläufen finden, die sich z. B. hinsichtlich der Beschreibung, der Anzahl oder der Abfolge der in ihnen integrierten Teilschritte, mitunter gerade hinsichtlich der Teilschritte zwischen Realität und Modell (Brand, 2014; Stender & Kaiser, 2016) unterscheiden. Häufig wird dabei zwischen Kreisläufen mit direktem (oder einfachem) Mathematisieren, zweischrittigem beziehungsweise genauem Mathematisieren und dreischrittigem beziehungsweise komplexem Mathematisieren (Greefrath, 2018) unterschieden. Mit einfachem Mathematisieren sind Kreislaufmodelle des Modellierens gemeint, bei denen nur ein Schritt von der Situation zum Modell angenommen wird.[1] Zur Gruppe der zweischrittigen Modelle gehören Modellierungskreisläufe, die einen Zwischenschritt beim Übergang von der realen Situation zum mathematischen Modell berücksichtigen. Ein Modellierungskreislauf dieses Typs ist von Blum (1985) kanonisch beschrieben worden und in Abb. 5.3 dargestellt.

Ausgangspunkt des Kreislaufs ist eine problemhaltige Situation in einer anderen Disziplin oder im Alltag. Blum verwendet unter anderem das Beispiel von Wahlen und dabei das Problem der Umrechnung der Anzahl von Wähler*innenstimmen einer Partei in die Anzahl von Parlamentsmandaten. Im Kreislauf werden vier Phasen durchlaufen (Blum, 1985), die im Allgemeinen folgendermaßen beschrieben werden können:

1) *Vereinfachen, Strukturieren, Präzisieren:* Zuerst müssen sich die Schüler*innen mit der Situation vertraut machen, Beobachtungen anstellen, das erkenntnisleitende Problem formulieren und dann sinnvolle und treffende Fragen dazu formulieren. Um die zu untersuchenden Fragen besser in den Griff zu bekommen und um die nachfolgende mathematische Betrachtung vorzubereiten, müssen Informationen gesammelt und geordnet, müssen Daten erhoben und muss die Ausgangssituation vereinfacht, eingeschränkt, idealisiert, strukturiert werden. Das heißt es muss von einigen spezifischen Gegebenheiten der Situation abgesehen werden bzw. es müssen gewisse Aspekte ganz ausgeblendet werden. Anschließend müssen die Schüler*innen das Problem weiter präzisieren, indem Forderungen oder Annahmen formuliert werden. Resultat dieser Phase ist ein reales Modell der Ausgangssituation (Blum, 1985).

---

[1] Diese kommen meist aus der angewandten Mathematik und sehen im Modellierungsprozess einen direkten Übergang zwischen der Realsituation und dem mathematischen Modell vor (vgl. z. B. den Modellierungskreislauf von (Lesh et al., 2003) oder von (Ortlieb et al., 2013).

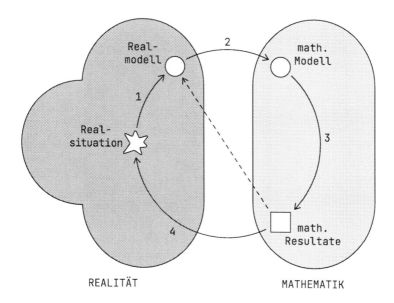

REALITÄT   MATHEMATIK

Schritte des Kreislaufs:

1 = vereinfachen, strukturieren, präzisieren
2 = mathematisieren
3 = mathematisch arbeiten
4 = rück-interpretieren bzw. anwenden

Abb. 5.3 Modellierungskreislauf nach Blum (1985), S. 200

2) *Mathematisieren:* Hierbei handelt es sich um eine Übersetzung der Daten, Begriffe, Beziehungen, Gesetze, Forderungen oder Annahmen des realen Modells in die Mathematik. Resultat dieser Mathematisierung ist ein mathematisches Modell der Ausgangssituation. Dieser Prozess der Modellbildung und sein Resultat sind im Allgemeinen nicht eindeutig von der Situation determiniert. Dies führt dazu, dass Schüler*innen in diesem Schritt prinzipiell eigenständig Prioritäten setzen können (Blum, 1985).

3) *Mathematisch arbeiten:* Hierbei werden mathematische Operationen durchgeführt, etwa konkrete Fälle durchgerechnet, Alternativen simuliert, bekannte mathematische Methoden und Resultate angewendet. Dabei ergeben sich gewisse mathematische Resultate (Blum, 1985).

4) *Rück-Interpretieren bzw. Anwenden:* Im letzten Schritt werden die Resultate in die Ausgangssituation zurückübersetzt, das heißt die Resultate werden im Rahmen der Ausgangssituation interpretiert bzw. auf diese angewandt und gegebenenfalls zu Vorhersagezwecken genutzt. Es geht hierbei nicht darum, ob die Modellierung richtig oder falsch war, sondern ob sie mehr oder weniger brauchbar war. Bei diesem Validieren des Modells, beim Testen seiner Brauchbarkeit, können Diskrepanzen sichtbar werden, z. B. indem im mathematischen Resultat Aspekte enthalten sind, die keine sinnvolle Entsprechung in der Ausgangssituation haben oder dort beobachteten Phänomenen zuwiderlaufen, indem die Resultate zu unerwünschten Folgen führen oder indem wesentliche Aspekte der Situation gar nicht bzw. nur in trivialer Weise erfasst sind (Blum, 1985).

Ein neueres Modell des Modellierens, das von Blum und Leiß (2005) entwickelt wurde, baut auf den ursprünglichen Modellierungskreislauf von Blum (1985) auf, erweitert diesen jedoch zu einem deutlich differenzierteren Modell des Modellierens, das sich in der Zwischenzeit auch innerhalb der deutschsprachigen Mathematikdidaktik etabliert hat. Zentral bei diesem Modellierungskreislauf ist, dass neben dem Realmodell und dem mathematischen Modell nun das Situationsmodell als Modellebene eingeführt wird, welches die kognitive Repräsentation der Realsituation durch das Individuum darstellt und vom Realmodell zu unterscheiden ist. Das Situationsmodell gilt als die Phase des Verstehens der Aufgabe, berücksichtigt also kognitive Gesichtspunkte und bietet sich daher z. B. für eine detaillierte Analyse des Umgangs der Lernenden mit Modellierungsaufgaben an. Insgesamt handelt es sich hier um das komplexe Modell des Modellierens, also um ein Beispiel für das dreischrittige Mathematisieren. Im Folgenden soll noch detaillierter auf diesen Modellierungskreislauf und seine Teilschritte eingegangen werden.

Der Modellierungskreislauf nach Blum & Leiß (2005) wird auch als siebenschrittiger Modellierungskreislauf beschrieben, da der Modellierungsprozess, wie in Abb. 5.4 dargestellt, durch sieben Schritte gekennzeichnet wird. Anhand dieser Schritte können die Teilkompetenzen beschrieben werden, die Schüler*innen benötigen bzw. erwerben müssen, um den Kreislauf erfolgreich zu durchlaufen. Diese werden in Abschn. 8.1 noch detaillierter betrachtet. An dieser Stelle sollen zunächst die einzelnen durch die Abbildung visualisierten Schritte kurz beschrieben werden (Mischau & Eilerts, 2018; Borromeo Ferri, 2016).

Auch für dieses komplexe Modell des Modellierungsprozesses ist der Ausgangspunkt eine Realsituation aus dem ‚Rest der Welt', die eine authentische Problemstellung beinhaltet, welche mit mathematischen Hilfsmitteln bearbeitet wird.

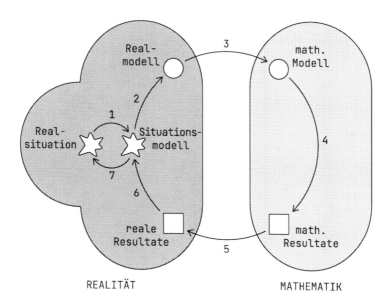

REALITÄT   MATHEMATIK

Schritte des Kreislaufs:

1 = verstehen
2 = vereinfachen, strukturieren
3 = mathematisieren
4 = mathematisch arbeiten
5 = interpretieren
6 = validieren
7 = vermitteln

Abb. 5.4 Modellierungskreislauf nach Blum & Leiß (2005), S. 19

1) *Verstehen:* Diese Realsituation wird entsprechend dem Wissen, den Zielen und Interessen der Modellierenden in ein kognitives Modell transferiert. Ausgehend von der Realsituation findet hierbei zunächst eine unbewusste Vereinfachung statt, das heißt eine Filterung der relevanten Informationen (Borromeo Ferri, 2006). Die Informationen aus der Realsituation gelangen nicht auf direkte Weise in das Bewusstsein des Lernenden, sondern werden gemäß der konstruktivistischen Grundauffassung verarbeitet und in einer mentalen Repräsentation, dem Situationsmodell, abgebildet. Da bei den meisten Modellierungsaufgaben die

Realsituation in Textform vorliegt, wird das Situationsmodell durch das Lesen des Aufgabentextes gebildet.

2) *Vereinfachen und Strukturieren:* Die Aktivitäten Vereinfachen und Strukturieren sind bewusstere Vorgänge (Borromeo Ferri, 2006) und bereiten das Situationsmodell auf die Übersetzung in die Welt der Mathematik vor, indem irrelevante Informationen aus dem Situationsmodell entfernt und fehlende Informationen ergänzt werden. Außerdem werden als Ziel des Modellierungsprozesses Zusammenhänge zwischen den Informationen und die gesuchten Größen herausgearbeitet. Das aus diesen Prozessen resultierende mentale Modell wird Realmodell genannt. Die Unterscheidung zwischen dem Situationsmodell als initialem mentalem Modell und dem Realmodell ermöglicht eine genauere Analyse möglicher Fehlerquellen, da zur Konstruktion dieser mentalen Modelle verschiedene Modellierungsaktivitäten nötig sind. Vereinfachungen, Strukturierungen sowie Präzisierungen der entstandenen mentalen Repräsentation führen zu einem realen Modell beziehungsweise einer Spezifizierung des Problems. Viele dieser Probleme, zu deren Lösung mathematische Modelle herangezogen werden, sind praktischer Art. Gegebenenfalls werden zur Lösung solcher Probleme reale Daten gesammelt, um mehr Informationen über die Situation zu erhalten. Diese Daten legen häufig den Typ des mathematischen Modells nahe, der geeignet ist, das spezifizierte, in der realen Welt identifizierte Problem zu lösen.

3) *Mathematisieren:* Durch einen Mathematisierungsprozess werden die relevanten Objekte, Beziehungen und Annahmen aus der Realwelt in die Mathematik übersetzt, was zu einem mathematischen Modell führt, mit dem das identifizierte Problem bearbeitet werden kann (Blum, 2015). Beim Mathematisieren wird auf Grundlage des Realmodells also ein mathematisches Modell erstellt. Größen aus der realen Welt und ihre Zusammenhänge werden in mathematische Konstrukte wie Variablen, Terme, Gleichungen und Funktionen, aber auch in mathematische Skizzen übersetzt. Dieser Prozess mündet unter eventueller Hinzunahme sogenannter externer Darstellungen, etwa Zeichnungen und Formeln, je nach den (individuellen) mathematischen Kompetenzen der modellierenden Person in ein mehr oder weniger akkurates mathematisches Modell (Mischau & Eilerts, 2018). Die ursprüngliche Problemstellung der realen Situation wird nun durch ein mathematisches Modell dargestellt.

4) *Mathematisch arbeiten:* Anschließend werden mathematische Methoden verwendet, um Ergebnisse abzuleiten, die für jene Fragen relevant sind, welche sich aus der Übersetzung des realweltlichen Problems ergeben. Mathematisches Arbeiten umfasst die Wahl und Anwendung mathematischer Werkzeuge sowie heuristischer Strategien. Das mathematische Arbeiten liefert mathematische Resultate.

5) *Interpretieren:* Die derart ermittelten mathematischen Resultate müssen dann in Bezug auf den ursprünglichen realen Problemkontext interpretiert werden. Dabei werden die mathematischen Resultate in das Realmodell eingeordnet. Den mathematisch ermittelten Zahlen wird somit ein lebensweltlicher Sinn verliehen, indem sie von Lernenden in Zusammenhang mit dem Ausgangsproblem gesetzt werden (Mischau & Eilerts, 2018). Falls es die Situation erfordert, müssen Ergebnisse beispielsweise gerundet werden. Aus der Interpretation der mathematischen Resultate ergeben sich die sogenannten realen Resultate.

6) *Validieren:* Anschließend wird der gesamte Prozess validiert, indem überprüft wird, ob die interpretierten mathematischen Ergebnisse gemäß den Informationen aus der ursprünglichen Problembeschreibung plausibel sind und das Modell im Lichte der resultierenden Lösung als geeignet erscheint. Bei der Validierung werden die realen Resultate auf das Situationsmodell übertragen. Hier ist die Vorstellung der Situation unter der Leitfrage, ob die Ergebnisse in diesem Kontext sinnvoll und plausibel sind, entscheidend. Wenn die Lösung oder das gewählte Vorgehen als nicht zufriedenstellend angesehen wird, müssen einzelne Schritte oder auch der gesamte Prozess unter Verwendung eines modifizierten oder eines völlig anderen Modells wiederholt werden. Mischau & Eilerts (2018) betonen, dass es beim Validieren darum geht, die rechnerischen Ergebnisse kritisch zu reflektieren, um abzugleichen, ob das Problem erfolgreich gelöst wurde. (Borromeo Ferri, 2006) stellt fest, dass intuitive, aber auch wissensbasierte Validierungen bei Lernenden nicht die Regel sind beziehungsweise sich ausschließlich auf eine rein mathematische Validierung beziehen, ohne dass eine Verknüpfung mit der in der Aufgabe beschriebenen Problemstellung vorgenommen wird. Ein anschauliches Beispiel wäre die Planung einer Klassenfahrt, bei der übersehen wird, dass sich ein Schüler im Rollstuhl in der Gruppe befindet, was bei der Planung der Benutzung des öffentlichen Nahverkehrs übersehen wurde (Mischau & Eilerts, 2018).

7) *Vermitteln:* Schließlich wird die Lösung des ursprünglichen realweltlichen Problems dargelegt und gegebenenfalls an andere weitergegeben beziehungsweise kommuniziert. Die letzte Aktivität wird als ‚Vermitteln' bezeichnet. Gemeint sind das Dokumentieren und Erläutern des Lösungsprozesses. Auch wenn dieses Darlegen und Erklären im idealtypischen Kreislauf als letzte Aktivität aufgeführt ist, findet in der Praxis meistens parallel zu den anderen Aktivitäten eine Verschriftlichung des Lösungsprozesses statt (Blum, 2015).

Je nach Zielgruppe, Forschungsgegenstand oder -interesse haben die dargestellten Kreisläufe des Modellierens unterschiedliche Schwerpunkte. Alle Kreisläufe haben, abhängig vom jeweiligen Einsatzzweck, ihre spezifischen Stärken und Schwächen. So könnte ein bestimmter Modellierungskreislauf für die

Beschreibung der Tätigkeiten von Schüler*innen im Rahmen einer empirischen Untersuchung verwendet werden. Hierzu eignen sich sehr komplexe Modelle. Ebenso könnte aber auch ein einfacher Kreislauf als Unterstützung für Lernende bei der Bearbeitung von Modellierungsaufgaben im Unterricht normativ verwendet werden (Greefrath, 2018).

Generell anzumerken und festzuhalten ist: Der Modellierungskreislauf ist eine lineare und idealtypische Darstellung, ein vereinfachendes Schema, das jedoch in den seltensten Fällen wie ein Algorithmus durchlaufen wird. Ganz im Gegenteil. Untersuchungen haben gezeigt, dass Schüler*innen Modellierungsprozesse nicht idealtypisch linear bzw. chronologisch durchlaufen, sondern in Form von Schleifen und Minikreisen zwischen den einzelnen Schritten wechseln und den Kreislauf unter Umständen sogar mehrmals durchlaufen (Borromeo Ferri, 2011; Maaß, 2018). Das beudetet, dass das Modellierungsverhalten von Lernenden nicht so idealtypisch verläuft wie in den Modellierungskreisläufen beschrieben. So konnte Borromeo Ferri (2011) im Rahmen ihrer Fallstudien mit Lernenden der Klasse 10 empirisch individuelle Modellierungsverläufe von Lernenden rekonstruieren, die unter anderem vom präferierten mathematischen Denkstil beeinflusst waren und damit deutlich machen, wie stark individuelle Modellierungsprozesse von den theoretisch entwickelten Modellierungskreisläufen abweichen. Deutlich wird, dass Lernende gewisse Modellierungsphasen mehrfach durchlaufen und/oder andere dafür auslassen. Dabei springen die Lernenden zwischen den einzelnen Phasen in sogenannten „Mini-Kreisläufen", gehen beispielsweise in der Validierungsphase nochmals auf das reale Modell und die bei der Modellerstellung getroffenen Annahmen zurück. Des Weiteren sind Art und Häufigkeit des Auftretens solcher Mini-Kreisläufe auch von der Struktur der bearbeiteten Aufgaben abhängig.

Insgesamt ist der Modellierungsprozess ein komplexer Vorgang, der von Aufgabe zu Aufgabe und von verschiedenen Lernenden durchaus unterschiedlich durchlaufen wird bzw. werden kann (Borromeo Ferri, 2010). Er unterscheidet sich zudem je nach Klassenstufe und den bereits vorhandenen prozess- wie inhaltsbezogenen Kompetenzen. Wie bereits erwähnt, ist der siebenschrittige Modellierungskreislauf von Blum & Leiß (2005) heute die Grundlage für den Unterricht, zumindest ab der Sekundarstufe. In der Grundschule, aber auch im Übergang zu Sekundarstufe I, falls die Lernenden im Modellieren noch nicht

geübt sind, wird jedoch normalerweise noch nicht der komplexe siebenschrittige Modellierungskreislauf, sondern ein vier- oder fünfschrittiger Kreislauf[2]
eingesetzt (Blum et al., 2009).

---

[2] Diese fünf Schritte lassen sich bspw. folgendermaßen fassen: Verstehen, Mathematisieren,
Bearbeiten, Interpretieren, Validieren (Maaß, 2018).

Modellierungsaufgaben 6

Nachdem im vorangegangenen Abschnitt detaillierter auf den Modellierungsprozess und dessen Durchlaufen auf der Basis verschiedener Modellierungskreisläufe eingegangen wurde, stellen sich nun die Fragen, welche Aufgaben im Mathematikunterricht geeignet sind, um einen solchen Modellierungsprozess zu initiieren, inwieweit sich diese von anderen im Unterricht verwendeten Aufgaben unterscheiden und inwieweit „gute Modellierungsaufgaben" anhand von Kriterien beschrieben werden können. Diese Aspekte sollen in diesem Abschnitt betrachtet werden.

6.1 Aufgabentyp Modellierungsaufgabe

Für das Modellieren im Mathematikunterricht sind geeignete Aufgaben eine wesentliche Voraussetzung. Solche Aufgaben sollen, ganz allgemein betrachtet, „einen echten Kontextbezug haben und einen Modellierungsprozess erfordern, um Schwierigkeiten im Umgang mit realen Kontexten und einem falschen Bild von Mathematik vorzubeugen" (Greefrath, 2018, 72).

Einleitend lässt sich sagen, dass Modellierungsaufgaben zur Kategorie der Sachaufgaben gehören. Da bereits das Wort Sachrechnen auf den Bezug zur realen Welt (Sache) und zur Mathematik (Rechnen) hinweist, können diese beiden Aspekte auch zur Definition herangezogen werden (Greefrath, 2018). Ausgehend vom Bezug zur realen Umwelt definieren Spiegel und Selter (2006) Sachrechnen in einem sehr allgemeinen Sinne. Sachrechnen ist der „Oberbegriff für die Auseinandersetzung mit Aufgaben, die einen Bezug zur Wirklichkeit aufweisen" (Spiegel & Selter, 2006, 74). Sachrechnen im weiteren Sinne bezeichnet die Auseinandersetzung mit der Umwelt sowie die Beschäftigung mit wirklichkeitsbezogenen Aufgaben im Mathematikunterricht. Die in der Schule bearbeitbaren

A. Brödner, *Vermittlung und Erwerb von Mathematischer Modellierungskompetenz*, essentials, https://doi.org/10.1007/978-3-662-67082-8_6

Inhalte, die man zum Sachrechnen zählen kann, unterliegen möglichen – wenn auch geringen – Veränderungen, die durch die aktuellen Lehrpläne und Bildungsstandards sowie durch die Schulrealität bedingt sind. Das Sachrechnen in der Sekundarstufe I beschränkt sich somit auf die Inhalte der Angewandten Mathematik, die bis zur zehnten Klassenstufe behandelt werden können.

Sachrechnen im komplexen Sinne ist jedoch mehr als ein Unterricht mit Bezügen zur realen Welt und zur Mathematik. Umwelt und Mathematik lassen sich nicht getrennt betrachten, sondern die Beziehung von Umwelt und Mathematik muss genau untersucht und in den Unterricht einbezogen werden. Entscheidend ist hier die Frage, wie der Übergang von der realen Umwelt zur Mathematik vollzogen werden kann. Dieser Prozess entspricht dem mathematischen Modellieren (Greefrath, 2018).

Es wird gemeinhin zwischen folgenden Aufgabentypen unterschieden (Franke, 2003):

1) *Eingekleidete Aufgaben:* Ziel dieser Aufgaben ist das Anwenden von Rechenverfahren. Der Sachkontext ist unwichtig, austauschbar und häufig künstlich.

2) *Textaufgaben:* Ziel dieser Aufgaben ist das Erfassen des Zusammenhangs zwischen den angegebenen Zahlen und das Zuordnen einer mathematischen Zeichenreihe (Term oder Gleichung). Die Schwierigkeit liegt im Übertragen der Textstruktur in eine mathematische Struktur. Die Aufgaben haben meist genau eine Lösung.

3) *Sachaufgaben:* Ziel dieser Aufgaben ist das Mathematisieren von Sachbeziehungen. Die Sachsituation ist hier bedeutsam und realitätsbezogen. Die Mathematik dient als Hilfsmittel, um tiefer in den Sachkontext eindringen zu können und diesen zu verstehen.

Ist nun jede Modellierungsaufgabe eine Sachaufgabe? Betrachtet man Modellierungsaufgaben mit realistischem Kontext, so ist jede Modellierungsaufgabe eine Sachaufgabe. Ist jede Sachaufgabe eine Modellierungsaufgabe? Die obige Klassifizierung macht zunächst deutlich, dass eingekleidete Aufgaben sowie Textaufgaben sicher keine Modellierungsaufgaben sind. Wie sieht es nun bei den Sachaufgaben aus? Das hängt von der genauen Definition ab. Schaut man sich Beispielaufgaben an (Franke & Ruwisch, 2010), so findet man viele Aufgaben, bei denen der Modellierungsprozess durchlaufen werden muss (Beispiel: Weltrekord: Lee Redmond hat Fingernägel mit einer Gesamtlänge von 8,65 m. Die Fingernägel aller Kinder deiner Klasse wären zusammen länger als die von Lee. Kann das stimmen?). Hier handelt es sich also um Modellierungsaufgaben. Allerdings finden sich unter den Sachaufgaben auch einfache Aufgaben wie „Doro

kauft 3 Beutel Kartoffeln für 9 €. Was kosten 7 Beutel?", die nicht als Modellierungsaufgaben, sondern als eingekleidete Aufgaben anzusehen sind (Maaß,
2011).

6.2 Kriterien für Modellierungsaufgaben

Ausgehend vom Begriff der Modellierungsaufgabe lassen sich vielfältige Kriterien zur Entwicklung, Analyse und Klassifizierung formulieren. Solche Kriterien
definieren zwar Kategorien, bewirken aber nicht, dass alle Aufgaben eindeutig
einer bestimmten Aufgabenkategorie zugeordnet werden können. So lassen sich
manche Aufgaben auch in mehrere Kategorien einordnen oder als Mischformen
identifizieren. Des Weiteren können die Art der Bearbeitung in der konkreten
Unterrichtssituation sowie die individuellen Voraussetzungen der Lernenden Einfluss auf den Aufgabentyp nehmen. Außerdem gibt es voneinander abweichende
Bezeichnungen und unterschiedliche Klassifikationssysteme zur kriteriengeleite-
ten Analyse von Aufgaben (Greefrath et al., 2013). Bei der Auseinandersetzung
mit Eigenschaften von Modellierungsaufgaben lassen sich vielfältige spezielle
Merkmale formulieren, die diese erfüllen sollten. Solche Kriterien können zum
einen die Entwicklung sowie die Auswahl von Aufgaben unterstützen, zum
anderen können sich Lehrkräfte mit geeigneten Klassifikationsschemata einen
Überblick über Modellierungsaufgaben verschaffen (Blum, 1985). Auf diese
Kriterien oder Analysekriterien soll genauer eingegangen werden. Dabei sind
Authentizität, Realitätsbezug und Offenheit die grundlegenden Kriterien für
(gute) Modellierungsaufgaben. Dementsprechend beschreibt auch Reit (2016)
Modellierungsaufgaben wie folgt:

> „Modellierungsaufgaben greifen Sachverhalte aus der realen Welt auf, sind offen im
> Sinne einer Anwendungsmöglichkeit verschiedener Lösungswege und behandeln eine
> in der Realität tatsächlich mögliche und authentische Fragestellung. Die Realität ist
> wahrheitsgemäß abgebildet und alle Elemente (Zahlenwerte, Fragestellung, …) der
> Modellierungsaufgabe bleiben so weit als möglich originalgetreu erhalten." (Reit,
> 2016, 18)

Als grundlegende Kriterien sollen Authentizität, Realitätsbezug und Offenheit
im Folgenden näher bestimmt werden: **Authentizität** bezieht sich im Bereich
mathematischen Modellierens sowohl auf den außermathematischen Kontext als
auch auf die Verwendung von Mathematik in der entsprechenden Situation. Der
außermathematische Kontext muss dabei echt sein und darf nicht speziell für
die Mathematikaufgabe konstruiert worden sein (Greefrath et al., 2017). Die

Verwendung der Mathematik in dieser Situation muss ebenfalls sinnvoll und realistisch sein und sollte nicht nur im Mathematikunterricht stattfinden. Authentische Modellierungsaufgaben sind Probleme, die genuin zu einem existierenden Fachgebiet oder Problemfeld gehören und von dort arbeitenden Menschen als solche akzeptiert werden. Allerdings bedeutet die Authentizität von Aufgaben noch nicht, dass diese Aufgaben für das gegenwärtige oder zukünftige Leben der Schüler*innen tatsächlich relevant sind. Relevanz ist eine Unterkategorie, die sich sowohl aus der Authentizität als auch aus dem Realitätsbezug einer Aufgabe ergeben kann. Es kann unterschieden werden zwischen Problemstellungen, die aus dem täglichen Leben der Schüler*innen entstehen, solchen, die für Schüler*innen in der Zukunft relevant sein können, sowie Aufgaben, die zwar eine gewisse Nähe zur Lebenswelt der Schüler*innen aufweisen, bei denen der Schwerpunkt aber eher auf der Mathematik liegt. Dabei hängt die Frage, ob Lernende einen Kontext tatsächlich als interessant, eng verbunden mit oder relevant für ihr tägliches Leben betrachten, nicht nur von der Aufgabe selbst, sondern auch von der konkreten Unterrichtssituation sowie den individuellen Voraussetzungen der Lernenden ab (Greefrath et al., 2013).

Authentizität und **Realitätsbezug** stehen miteinander eng im Zusammenhang und sind nicht trennscharf voneinander abzugrenzen (Greefrath, 2018). Inwieweit das mathematische Modell ein tatsächliches Abbild der Realität ist, wird teilweise kontrovers diskutiert (Ortlieb, 2004). Für den Unterricht ist unabhängig davon ein Realitätsbezug der Aufgaben entscheidend, denn die Motivation der Lernenden kann dadurch erhöht werden, dass sie erleben und einsehen, wie nahe das zu Lernende an ihrer Lebenssituation ist. Modellierungsaufgaben sind bestens geeignet, einen solchen Realitätsbezug herzustellen (J. Maaß, 2020). Dabei wird auch ein wichtiges allgemeines Lehrziel der Schule aufgegriffen, nämlich die Erziehung zur Mündigkeit, die die Befähigung zur selbständigen und verantwortlichen Entscheidung umfasst. Beispielsweise muss mitunter entschieden werden, ob eine realitätsbezogene Frage hinreichend weit geklärt ist oder dem einen oder anderen Aspekt weiter nachgegangen werden soll. Auf der einen Seite ist diese Entscheidung nicht einfach vorgegeben; es sollte tatsächlich abgewogen werden, inwieweit die bisher erarbeiteten Ergebnisse die Ausgangsfrage mit hinreichender Genauigkeit oder Überzeugungskraft beantworten. Auf der anderen Seite ist es möglich, die Lernenden solche Abwägungen selbst vornehmen zu lassen. Im normalen Unterricht ist die Lehrkraft die einzige Person im Raum, die befugt ist zu entscheiden, wie es weitergehen soll, und diese Entscheidung auch begründen könnte. Im Prozess des Modellierens hingegen können die Lernenden mitreden und dabei lernen, wie solche Entscheidungen gefunden und getroffen werden. Des Weiteren werden Spaß am Unterricht und Nachhaltigkeit der Lern-situation als Vorteile von realitätsbezogenen Modellierungsaufgaben genannt. Es wird aber auch darauf hingewiesen, dass die Nähe zur Realität problematisch sein kann, beispielsweise wenn es um Übergewichtigkeit geht und übergewichtige Schüler*innen sich negativ angesprochen fühlen (J. Maaß, 2020).

Gegen die positiven Aspekte wird eingewendet, dass sich Alltagserfahrun-gen aus dem Mathematikunterricht nicht immer mit dieser Einschätzung decken: Realitätsbezüge für sich allein genommen sind nicht für alle Schüler*innen motivierend, und nicht allen erleichtern sie das Lernen von Mathematik. Schü-ler*innen betrachten zuweilen das Fehlen einer eindeutigen Lösung sowie die Notwendigkeit, Alltagswissen einzubeziehen, sogar als zusätzliche Hürde. Busse (2013) bezieht in einer Studie den Realitätsbezug hauptsächlich auf den Sachkon-text der Aufgabe. Es zeigte sich, dass unterschiedliche sachkontextuale Aspekte aus dem Aufgabentext ausgewählt wurden, um einen individuellen Sachkontext zu prägen. Daher erscheint es nicht sinnvoll, von *dem* Sachkontext einer Aufgabe zu sprechen, vielmehr muss die individuelle Interpretation des angebotenen Sach-kontextes berücksichtigt werden. Zusätzlich konnte in der Interpretation der Daten rekonstruiert werden, dass sachkontextuale Vorstellungen dynamischen Charakter haben. Sie erscheinen nicht zu Beginn der Aufgabenbearbeitung und bleiben dann unverändert bestehen, sondern sie entstehen, entwickeln und verändern sich im Laufe des Bearbeitungsprozesses. Die Ergebnisse dieser Untersuchung zeigen in hohem Maße die Relevanz individueller Aspekte beim Umgang mit dem Sach-kontext realitätsbezogener Aufgaben. Es wird deutlich, dass sowohl in der Schule als auch in der wissenschaftlichen Forschung dieser Individualität Rechnung getragen werden muss. Lehrkräften muss bewusst sein, dass sich ihre eige-nen sachkontextualen Vorstellungen von denen der Schüler*innen unterscheiden können (Busse, 2013).

Durch ihre **Offenheit** ermöglichen Modellierungsaufgaben differente Lösungswege auf unterschiedlichen Niveaus. Da Schüler*innen bei der Bear-beitung von Modellierungsaufgaben an vielen Stellen des Lösungsprozesses auf Schwierigkeiten stoßen können, durch welche die Bearbeitung der Aufgabe kom-plexer und anspruchsvoller wird, kann eine Reduktion der Aufgabenstellung sinnvoll sowie insbesondere einer gezielten Förderung oder einer genauen Dia-gnose von Teilkompetenzen des Modellierens dienlich sein (Greefrath et al., 2013). Daher werden häufig auch die Teilschritte des Modellierungskreislaufs in den Blick genommen und zur Kategorisierung von Modellierungsaufgaben ver-wendet (Greefrath et al., 2017). Aufgabentexte oder Aufgabenstellungen können Angaben enthalten, die zur Lösung der Aufgabe nicht erforderlich sind. In einem solchen Fall spricht man von einer überbestimmten Aufgabe. Ein Beispiel für eine solche Aufgabe ist eine Frage zu einem Sachtext, zu deren Beantwortung nur bestimmte ausgewählte Informationen aus dem Text herangezogen werden müssen. Möglich wäre auch der Fall, dass die Informationen nicht exakt zueinander passen und je nach Auswahl unterschiedliche Ergebnisse liefern. Ebenso ist der umgekehrte Fall denkbar, dass die Aufgaben nicht alle Informationen enthalten, die zur Lösung benötigt werden. Das ist beispielsweise bei Problemen der Fall, bei denen der Anfangszustand unklar ist. In solchen Fällen spricht man von einer unterbestimmten Aufgabe. Dann müssen die fehlenden Informationen beispielsweise durch Alltagswissen, Schätzen oder eine Recherche ermittelt werden (Greefrath, 2010).

Nach Maaß (2005, 2007) lassen sich abschließend im Sinne einer Zusammenfassung folgende Anforderungen an Modellierungsaufgaben festhalten: Die Problemstellung der Aufgabe weist einen außermathematischen Sachbezug auf. Die **realitätsbezogene** Problemstellung wird von Schüler*innen als interessant, eng verbunden mit oder relevant für ihr tägliches Leben betrachtet. Die Problemstellung ist **authentisch** mit Blick auf den außermathematischen Sachbezug. Durch ihre Authentizität und enge Anbindung an die Realität schaffen Modellierungsaufgaben individuelle, affektive Zugänge zur Mathematik. Die **offene** Problemstellung ermöglicht verschiedene Lösungen oder verschiedene Lösungswege auf unterschiedlichen Niveaus. Modellierungsaufgaben haben somit selbstdifferenzierende Eigenschaften, da sie eine nach Vorkenntnissen, Interessen und Leistungsfähigkeit differenzierte bzw. individualisierte Bearbeitung erlauben.

Doch auch bei Verwendung guter Aufgaben ist die Vermittlung und der Erwerb von Modellierungskompetenz kein Selbstläufer. Es ist zu bedenken, wie z. B. Kaiser (2015, S. 377) hervorhebt, dass „nicht die Aufgaben per se lernwirksam sind, sondern dass die Art und Weise, wie Modellieren im alltäglichen Mathematikunterricht behandelt wird, von entscheidender Bedeutung für die Förderung von Modellierungskompetenz ist". Dies verweist über die Gestaltung geeigneter Aufgaben hinaus auf die Gestaltung der Lernumgebung insgesamt. Im Prozess der Ausgestaltung der Lernumgebung stellen sich verschiedene Anforderungen. Im Folgenden soll es deshalb zunächst um das Thema Lernumgebung und anschließend um die Vermittlung und den Erwerb von Modellierungskompetenz gehen.

Lernumgebung 7

Zu Beginn soll auf die Lerntheorie des Konstruktivismus und Lernumgebungen im Allgemeinen eingegangen werden; anschließend befasst sich dieses Kapitel mit problemorientierten Lernumgebungen, die für die Vermittlung und den Erwerb von Modellierungskompetenz besonders gut geeignet sind. Eine spezifische Auseinandersetzung mit dem Thema der Vermittlung und des Erwerbs von Modellierungskompetenz erfolgt dann im Kap. 8.

7.1 Konstruktivismus und Lernumgebungen im Allgemeinen

Die Bezeichnung „Lernumgebung" ist eng mit Lerntheorien und ihrer Realisierung auf inhaltlicher und organisatorischer Ebene verknüpft. Lernumgebungen gehen zurück auf ein konstruktivistisches Verständnis des Lernens, in dem einem Lernenden eine aktive Rolle zugesprochen wird (Mandl & Reinmann, 2006). Den konträren Gegensatz hierzu bilden gewissermaßen jene Pawlow'schen Hunde und Skinner'schen Ratten, die in frühen Theorien als Beispiele dafür fungieren, wie gelernt wird. Nach dem Reiz-Reaktions-Modell folgt auf Stimuli in einer gegebenen Situation eine bestimmte Reaktion. Belohnt man adäquate Reaktionen, führt das nach diesem Ansatz zum Lernen. Es zeigt sich aber, dass man mit Black-Box-Theorien des programmierten Lernens nicht gut erklären kann, wie sich das Verständnis inhaltlich anspruchsvoller Konzepte entwickelt. Als erfolgreichste Beschreibung für den Erwerb von Begriffen, Konzepten oder Vorstellungen hat sich inzwischen die konstruktivistische Perspektive erwiesen (Schecker et al., 2018). Nach dieser Auffassung entwickeln – konstruieren – die Lernenden ihren Bestand an Wissen und Vorstellungen eigenständig durch eine individuelle Verarbeitung von Sinneseindrücken und angebotenen Informationen. Man kann Wissen

A. Brödner, *Vermittlung und Erwerb von Mathematischer Modellierungskompetenz*, essentials, https://doi.org/10.1007/978-3-662-67082-8_7

weder direkt übergeben noch direkt übernehmen. Gleichwohl bleibt es auch
in der konstruktivistischen Beschreibung des Lernens die zentrale Aufgabe der
Lehrkräfte, Lernumgebungen zu schaffen, welche die Lernenden zu möglichst
intensiver und adäquater Konstruktion von Vorstellungen anleiten. Wenn jeder
Mensch die Bedeutung hinter den Sinneseindrücken selbst konstruiert, kann nicht
endgültig festgestellt werden, was „wirklich" ist. Es kann nur eine durch Kom-
munikation erreichte Übereinkunft darüber geben, welcher Sinn bzw. welche
Bedeutung welchem Eindruck zugeschrieben werden soll. Entscheidend dafür ist
die Bewährung des Wissens und der Vorstellungen; sie führt zu nützlichem und
nutzbarem, zur Problemstellung passendem Wissen. Die konstruktivistische Auffassung des Lernens besagt also, dass jeder Mensch den Sinn dessen, was gelernt
werden soll, selbst konstruieren muss. Die Aufgabe der Schüler*innen beim Lernen besteht darin, neue Sinneseindrücke und Informationen in eine Beziehung
zum bereits bestehenden Wissenssystem zu setzen, oder auch, dieses System
neu zu strukturieren und zu erweitern. Ein konstruktivistischer Unterricht gibt
Schüler*innen viele Gelegenheiten, Sinn zu konstruieren (Mandl & Reinmann,
2006).

Die Leitaktivitäten der Lehrperson werden aus konstruktivistischer Perspektive
absichtlich in den Hintergrund gestellt und Lernsituationen werden um soziale,
kulturelle sowie räumliche Gestaltungselemente erweitert. In selbständigkeitsorientierten Lerntheorien soll der Lernprozess weitestgehend vom Lernenden
gesteuert werden. Am Anfang des Lernprozesses werden eigene Ziele gesetzt
und wird ein Plan entworfen, wie sie erreicht werden können. Diese Ziele
werden unter Zuhilfenahme verschiedener Strategien verfolgt; der Lernprozess
wird dabei überwacht und reguliert. Die Ziele werden evaluiert; daraus können sich Anschluss-Aktivitäten ergeben. Problembasiertes und projektorientiertes
Lernen sowie andere offene Lehr-Lernformen gelten als prototypisch für konstruktivistische, selbständigkeitsorientierte Lernumgebungen. Damit Lernprozesse
initiiert werden, müssen passende Lernumgebungen entwickelt werden (Schukajlow & Blum, 2018a). Grundlegend kann die Methode der direkten Instruktion
(direktive, lehrer*innenzentrierte Lernumgebung) von der Methode des selbststän-
digen Lernens (operativ-strategische, selbständigkeitsorientierte Lernumgebung)
unterschieden werden. In der Methode der direkten Instruktion wird das Unter-
richtsgeschehen vergleichsweise stark von außen gesteuert. Die Effektivität dieser
Lehr-Lernform bezüglich der Lernfortschritte der Unterrichteten wurde in vielen
Studien untersucht und gilt im kognitiven Bereich als erwiesen (Hattie et al.,
2017). Die Wirksamkeit dieser Methode bezüglich motivational-emotionaler
Faktoren bei Lernenden wurde jedoch vergleichsweise selten untersucht. Die

vorliegenden Befunde lassen eine weniger günstige Entwicklung von affektiven Merkmalen in stark lehrer*innenzentrierten Unterrichtsformen im Vergleich zu schülerzentrierten, kooperativen Lehr-Lern-Arrangements vermuten. Sinkendes Interesse und ungünstige Entwicklung positiver Emotionen werden durch die mit der Methode der direkten Instruktion verbundene ausgeprägte Engführung erklärt, die negative Auswirkungen auf Selbständigkeit, Kompetenzerleben und soziale Eingebundenheit von Lernenden hat. Insbesondere dem Kompetenzerleben von Lernenden wird aber eine Schlüsselrolle für die kognitive und affektive Entwicklung zugesprochen. Kompetenzerleben im Unterricht erwies sich in einigen Studien als entscheidend für die Leistungen beim Modellieren und für das Interesse von Lernenden an Mathematik (Schukajlow et al., 2012).

In selbständigkeitsorientierten Unterrichtsmethoden wird angestrebt, Lernenden hinreichend große Freiräume für ihre individuelle Entwicklung zu lassen. Es gibt eine breite Palette von Unterrichtsmethoden, die das selbständige Lernen als Leitprinzip zugrunde legen. Problembasiertes Lernen und Projektarbeit eröffnen vergleichsweise große Freiräume für die Gestaltung eigener Lernverläufe. Bestimmte kooperative Lehr-Lernformen wie z. B. die an einem gemeinsamen Lernprodukt orientierte Methode „Think-Pair-Share" oder die auf individuelle Lernfortschritte einzelner Schüler*innen abzielende Methode der „individuellen Arbeit in der Gruppe" lassen etwas weniger Freiräume zu, sind aber einfacher in einen eng getakteten „Regel"-Unterricht integrierbar und jedenfalls lernförderlich (Schukajlow & Blum, 2018b).

7.2 Problemorientierte Lernumgebung

Für die Vermittlung von Modellierungskompetenz ist eine problemorientierte Lernumgebung, die Instruktion und Konstruktion verbindet, von zentralem Interesse. Den Hintergrund der Verbindung von Instruktion und Konstruktion bildet die praxisorientierte Position, das Lernen ein aktiver Prozess ist. Für effektives Lernen im Allgemeinen und die Förderung der Modellierungskompetenz im Speziellen ist nach konstruktivistischer Auffassung die aktive Beteiligung der Lernenden notwendig.[1] Vor diesem Hintergrund bestimmen Mandl/Reinmann (2006) Lernen

---

[1] Im Rahmen einer Studie von Blum (2011) wurden zwei verschiedene Lernarrangements miteinander verglichen. Die zentrale Fragestellung war, inwieweit es gelingen kann, die Modellierungskompetenz von Lernenden der Jahrgangsstufe 9 durch geeignete Lernumgebungen zu fördern. Verglichen wurden hierbei ein stärker selbständigkeitsorientierter („operativ-strategischer") Unterricht und ein eher „herkömmlicher" Unterricht im Sinne

folgendermaßen: **1)** Lernen ist ein *aktiver und selbstgesteuerter Prozess.* Die Lernenden sind selbst für die Steuerung und Kontrolle verantwortlich. **2)** Lernen ist ein *konsekutiver Prozess.* Jedes Lernen baut auf bereits vorhandenen Kenntnissen und Fähigkeiten auf. **3)** Lernen ist ein *emotionaler Prozess.* Beim Lernen haben sowohl leistungsbezogene als auch soziale Emotionen einen starken Einfluss. **4)** Schließlich ist Lernen ein *situativer und sozialer Prozess.* Lernen erfolgt stets in spezifischen Kontexten. Schulisches und außerschulisches Lernen werden auf unterschiedlichen Ebenen durch soziale Komponenten beeinflusst (Mandl & Reinmann, 2006). Berücksichtigt man diese Aspekte, dann erfordert Lernen zum einen Motivation, Interesse und Eigenaktivität seitens der Lernenden. Der Unterricht hat die Aufgabe, zu Konstruktionsleistungen anzuregen und sie zu ermöglichen. Lernen erfordert zum anderen aber auch Orientierung, Anleitung und Hilfe. Ziel muss es folglich sein, eine Balance zwischen expliziter Instruktion durch die Lehrkraft und konstruktiver Aktivität der Lernenden zu finden. Zur praktischen Umsetzung dieser Kriterien eignet sich eine problemorientierte Lernumgebung in besonderem Maße. Problemorientiertes Lernen zeichnet sich dadurch aus, dass authentische oder realitätsbezogene Situationen, Ereignisse oder Fälle so in den Unterricht integriert werden, dass sie nicht nur motivierende oder zur Übung anleitende Funktionen haben, sondern einen zentralen Anker des Lernens und Lehrens bilden. Dazu bietet man den Lernenden komplexe und authentische Problemstellungen an. Die Analyse und Lösung dieser Probleme erfolgt im sozialen Kontext einer Gruppe. In der Gruppe werden, unter instruktiver Begleitung, für die Problemlösung relevantes Vorwissen und Wissensdefizite erfasst. In Lernphasen erwirbt die Gruppe anhand von verschiedenen Materialien das notwendige Wissen, um das Problem zu lösen.

Mandel & Reinmann (2006) bieten fünf Leitlinien für einen solchen problemorientierten Unterricht an. **1)** Der Ausgangspunkt von Lernprozessen sollen

---

einer „direktiven" Lehr-Lernform. Im „operativ-strategischen" Unterricht arbeiten die Lernenden selbständig in Gruppen, von der Lehrkraft individuell-adaptiv unterstützt, mit Plenumsphasen für Vergleiche von Lösungen und rückblickende Reflexionen. Der „direktive" Unterricht ist gekennzeichnet durch ein klar strukturiertes und zielgerichtetes, fragendentwickelndes lehrer*innengesteuertes Vorgehen im Plenum, mit Einzelarbeitsphasen beim Einüben von Lösungsverfahren. Beide Unterrichtseinheiten gingen über 10 Unterrichtsstunden und behandelten dieselben Modellierungsaufgaben in derselben Abfolge. Es zeigte sich, dass die „direktiv" unterrichteten Lernenden ihre Modellierungskompetenz nicht signifikant steigern konnten, im Gegensatz zu den Schüler*innen, die „operativ-strategisch" gearbeitet hatten. Dies deutet darauf hin, dass nur Eigenaktivitäten von Lernenden Lernfortschritte beim Modellieren erwarten lassen. Dagegen waren die Lernfortschritte beider Gruppen bezüglich ihrer technischen Kompetenz identisch (Blum, 2011).

authentische Probleme sein, die aufgrund ihres Realitätsgehalts und ihrer Relevanz dazu motivieren, neues Wissen oder neue Fertigkeiten zu erwerben. Beispielsweise können die Lernenden dazu in eine authentische Problemsituation versetzt werden, die reales Handeln erfordert.

2) Es sollte in *multiplen Kontexten* gelernt werden. Um zu verhindern, dass neu erworbene Kenntnisse oder Fertigkeiten auf eine bestimmte Situation fixiert bleiben, sollten dieselben Inhalte in mehreren, qualitativ verschiedenen Kontexten gelernt werden. Zu diesem Zweck können die Lernenden beispielsweise dazu veranlasst werden, das Gelernte auf mehrere unterschiedliche Problemstellungen konkret anzuwenden.

3) Es sollte unter *multiplen Perspektiven* gelernt werden. Beim Lernen sollte berücksichtigt werden, dass man einzelne Inhalte oder Probleme aus verschiedenen Blickwinkeln sehen oder unter verschiedenen Aspekten beleuchten kann. Dazu kann man beispielsweise die Lernenden dazu anregen, bei der Problembearbeitung in verschiedene Rollen zu schlüpfen.

4) Es sollte in einem *sozialen Kontext* gelernt werden. Gemeinsames Lernen und Arbeiten von Lernenden und Expert*innen im Rahmen situierter Problemstellungen sollte Bestandteil möglichst vieler Lernphasen sein. Dies kann beispielsweise dadurch geschehen, dass die Lernenden ihre Kenntnisse, Fertigkeiten und Einstellungen dadurch erweitern, dass sie in einer Expertengemeinschaft lernen und arbeiten.

5) Grundsätzlich soll das Lernen mit *instruktionaler Unterstützung* erfolgen. Lernen ohne jegliche instruktionale Unterstützung ist in der Regel ineffektiv und führt leicht zur Überforderung. Lehrende können sich deshalb nicht darauf beschränken, nur Lehrangebote zu machen, sie müssen die Lernenden anleiten und insbesondere bei Problemen gezielt unterstützen. Die Lernumgebung ist so zu gestalten, dass neben vielfältigen Möglichkeiten eigenständigen Lernens in komplexen Situationen auch das zur Bearbeitung von Problemen erforderliche Wissen bereitgestellt und erworben wird.

Vermittlung und Erwerb von Modellierungskompetenz

8

Nachdem die Lernumgebung in ihren Grundzügen bestimmt wurde, soll es im Folgenden um Aspekte der Vermittlung und des Erwerbs von Modellierungskompetenzen gehen. Wie oben ausgeführt wurde (vgl. Kap. 5), wird unter Modellierungskompetenz ganz allgemein die Fähigkeit verstanden, die jeweils nötigen Prozessschritte beim Hin- und Herwechseln zwischen Realität und Mathematik problemadäquat auszuführen (Greefrath et al., 2013). Dabei setzt sich Modellierungskompetenz aus unterschiedlichen Teilkompetenzen zusammen, die jeweils einzeln und in ihrer Gesamtheit erforderlich sind, um die einzelnen bereits in Abschn. 5.3 beschriebenen Schritte eines Modellierungskreislaufs und infolgedessen den gesamten Modellierungsprozess erfolgreich durchlaufen zu können. Daher erscheint es sinnvoll, diese Schritte und die dafür notwendigen Teilkompetenzen im Folgenden etwas näher zu betrachten sowie der Frage nachzugehen, wie die Modellierungskompetenz von Schüler*innen aufgebaut bzw. gefördert werden kann. Anschließend soll der Blick auf mögliche allgemeine, lehrkraftbezogene und schüler*innenbezogene Hürden für das Modellieren im Mathematikunterricht bzw. für die Vermittlung und den Erwerb von Modellierungskompetenz gerichtet werden.

8.1 Modellierungskompetenz und ihre erforderlichen Teilkompetenzen

Um mögliche Schwierigkeiten und Hindernisse im Prozess des Erwerbs von Modellierungskompetenz besser identifizieren zu können, ist es hilfreich, nicht nur von einer Kompetenz zu sprechen, sondern verschiedene Teilkompetenzen explizit zu identifizieren. Modellierungskompetenz stellt kein eindimensionales

A. Brödner, *Vermittlung und Erwerb von Mathematischer Modellierungskompetenz*, essentials, https://doi.org/10.1007/978-3-662-67082-8_8

Konstrukt dar, sondern lässt sich als Zusammenspiel unterschiedlicher Teilkompetenzen auffassen. Das Aufteilen des Modellierens in Teilkompetenzen bzw. Teilprozesse ist ein möglicher Weg, die Komplexität der Problematik zu reduzieren. Insbesondere ermöglicht diese genaue Betrachtung von Teilkompetenzen eine gezielte Diagnose und Förderung, trägt also mittelbar dazu bei, eine umfassende Modellierungskompetenz aufzubauen (Greefrath, 2018). Im Folgenden werden solche Teilkompetenzen dargestellt; anschließend wird spezifisch auf mögliche Schwierigkeiten und Hindernisse bei der Vermittlung dieser Kompetenzen eingegangen.

Nach Maaß (2004, S. 35) umfasst Modellierungskompetenz „die Fähigkeiten und Fertigkeiten, Modellierungsprozesse zielgerichtet und angemessen durchführen zu können sowie die Bereitschaft, diese Fähigkeiten und Fertigkeiten in Handlungen umzusetzen". Um einzelne Schritte des Modellierungskreislaufes erfolgreich durchlaufen zu können, beschreibt die Autorin im Detail fünf notwendige Teilkompetenzen:

1) Notwendig sind *Kompetenzen zum Verständnis eines realen Problems und zum Aufstellen eines realen Modells*, d. h. Fähigkeiten, nach verfügbaren und notwendigen Informationen zu suchen und relevante von irrelevanten Informationen zu trennen, auf die Situation bezogene Annahmen zu machen bzw. Situationen zu vereinfachen, die eine Situation beeinflussenden Größen zu erkennen bzw. zu explizieren, Schlüsselvariablen zu identifizieren und Beziehungen zwischen den Variablen herzustellen.

2) Es wird die *Kompetenz zum Aufstellen eines mathematischen Modells aus einem realen Modell* benötigt. Diese Teilkompetenz umfasst Fähigkeiten, die relevanten Größen und Beziehungen zu mathematisieren, d. h. sie in mathematische Sprache zu übersetzen und ggf. die relevanten Größen und ihre Beziehungen zu vereinfachen bzw. ihre Anzahl und Komplexität zu reduzieren sowie adäquate mathematische Notationen zu wählen und Situationen ggf. graphisch bzw. allgemeiner visuell darzustellen.

3) Es sind *Kompetenzen zur Lösung mathematischer Fragestellungen innerhalb eines mathematischen Modells* notwendig. Insbesondere wird die Fähigkeit benötigt, heuristische Strategien anzuwenden. Dazu zählen die Aufteilung des Problems in Teilprobleme, die Herstellung von Bezügen zu verwandten oder analogen Problemen, die Reformulierung des Problems, die Darstellung des Problems in anderer Form sowie die Variation der Einflussgrößen bzw. der verfügbaren Daten.

4) Es werden *Kompetenzen zur Interpretation mathematischer Resultate in einem realen Modell bzw. einer realen Situation* benötigt. Hier handelt es sich um die Fähigkeit, mathematische Resultate im Rahmen außermathematischer Situationen zu interpretieren, die Resultate also zu implementieren; ferner ist die Fähigkeit vonnöten, für spezielle Situationen entwickelte Lösungen zu verallgemeinern und Problemlösungen unter angemessener Verwendung mathematischer Sprache darzustellen bzw. über die Lösungen zu kommunizieren.

5) Notwendig sind schließlich *Kompetenzen zur Infragestellung der Lösung und ggf. erneuten Durchführung eines Modellierungsprozesses.* Gefordert sind also die Fähigkeiten, gefundene Lösungen kritisch zu überprüfen und zu reflektieren; entsprechende Teile des Modells zu revidieren bzw. den Modellierungsprozess erneut durchzuführen, falls Lösungen der Situation nicht angemessen sind; zu überlegen, ob andere Lösungswege möglich sind bzw. Lösungen auch anders entwickelt werden können; letztlich ein Modell auch grundsätzlich infrage zu stellen (Maaß, 2004).

Die von Maaß (2005) beschriebenen Fähigkeiten lassen sich sehr gut als einzelne Teilkompetenzen des Modellierungsprozesses beschreiben, die unmittelbar mit dem in Abschn. 5.3 beschriebenen siebenschrittigen Modellierungskreislauf von Blum und Leiß (2005) verknüpft werden können. Die folgende Übersicht (angelehnt an: Greefrath, 2018, S. 43) verdeutlicht dies.

Teilkompetenz	Indikator
Verstehen	Die Schüler*innen entnehmen der Aufgabenstellung die wesentlichen Informationen, konstruieren ein eigenes mentales Modell zu einer gegebenen Problemsituation (Situationsmodell) und verstehen so die Fragestellung
Vereinfachen/ Strukturieren	Die Schüler*innen trennen wichtige und unwichtige Informationen einer Realsituation und verknüpfen diese mit ihrem Kontextwissen zu einem Realmodell
Mathematisieren	Die Schüler*innen übersetzen geeignet vereinfachte Realsituationen in mathematische Sprache und bilden so mathematische Modelle (z. B. Term, Gleichung, Figur, Diagramm, Funktion)
Mathematisch arbeiten	Die Schüler*innen arbeiten mit dem mathematischen Modell ausschließlich innermathematisch. Dabei werden mathematische Methoden verwendet, um Ergebnisse abzuleiten, die für jene Fragen relevant sind, die sich aus der Übersetzung des realweltlichen Problems ergeben

Teilkompetenz	Indikator
Interpretieren	Die Schüler*innen interpretieren die realen Resultate im Situationsmodell. Dabei werden die mathematischen Resultate in das Realmodell eingeordnet. Den mathematisch ermittelten Zahlen wird damit ein lebensweltlicher Sinn verliehen, indem sie seitens der Lernenden in einen Zusammenhang mit dem Ausgangsproblem gesetzt werden
Validieren	Die Schüler*innen beurteilen kritisch das verwendete mathematische Modell, indem überprüft wird, ob die interpretierten mathematischen Ergebnisse gemäß den Informationen aus der ursprünglichen Problembeschreibung plausibel sind und das Modell hinsichtlich der resultierenden Lösung als geeignet erscheint
Vermitteln	Die Schüler*innen beziehen die im Situationsmodell gefundenen Antworten auf die Realsituation und beantworten so die Fragestellung. Dies umfasst auch das Dokumentieren und Erläutern des Lösungsprozesses

Aus dieser tabellarischen Übersicht wird deutlich, dass im Modellieren die Förderung von anderen Kompetenzen aus den Standards der KMK und dem Rahmenlehrplan (vgl. Kap. 3) automatisch inbegriffen ist: Da Modellierungsaufgaben immer problemhaltig sein müssen, wird zugleich der Kompetenzbereich „Probleme mathematisch lösen" gefördert. Die Bearbeitung der Problemstellung fördert kognitive Elemente in Form von Teilkompetenzen mathematischen Modellierens. Beim Durchlaufen eines Modellierungskreislaufs zum Lösen der gestellten Aufgabe müssen Schüler*innen im Teilschritt des „mathematischen Arbeitens" natürlich mit „symbolischen, technischen und formalen Elementen der Mathematik" umgehen (können). Je nach der Art der Bearbeitung kommt zudem möglicherweise im Teilschritt des „Mathematisierens" der Kompetenzbereich „mathematische Darstellungen verwenden" zum Tragen und bei den Teilschritten „Darlegen" und „Validieren" sind die Kompetenzen „mathematisch kommunizieren" bzw. „mathematisch argumentieren" von Belang. Es überschneiden sich im Modellieren mehrere Kompetenzen. Dies verdeutlicht, dass das Modellieren insgesamt eine besonders anspruchsvolle Kompetenz darstellt, da im Kontext des Modellierens auch andere prozessbezogene Kompetenzen beherrscht werden müssen.

Die Modellierungskompetenz kann, dies wird auf der Basis des bisher Beschriebenen deutlich, aufgrund ihrer Komplexität nur langfristig aufgebaut und gefördert werden. Dies ist nur möglich, wenn das Modellieren kontinuierlich in den Mathematikunterricht integriert wird, und zwar über mehrere Klassenstufen hinweg. Wie die Förderung der Modellierungskompetenz diskutiert wird, soll im nächsten Abschnitt betrachtet werden.

8.2 Aufbau und Förderung von Modellierungskompetenz

In der Literatur werden ganz allgemein zwei unterschiedliche Ansätze zum Lehren und zum Aufbau der Modellierungskompetenz unterschieden: der holistische und der atomistische Ansatz. Der holistische Ansatz geht davon aus, dass die Entwicklung von Modellierungskompetenz mittels Durchführung vollständiger Modellierungsprozesse gefördert werden soll. Die Komplexität und Schwierigkeit der verwendeten Aufgaben sollte dabei den Erfahrungen und Kompetenzen der Lernenden im Umgang mit derartigen Problemstellungen entsprechen (Brand, 2014). Insbesondere für den anfänglichen Kompetenzerwerb wird angenommen, dass zunächst leichte und direkt lösbare Modellierungsaufgaben eingesetzt werden sollten, deren Schwierigkeit parallel zum Wachstum der Modellierungskompetenzen und des Vertrauens in die eigenen Kompetenzen erhöht werden könne (Haines & Crouch, 2007). Blomhoj und Jensen (2003) gehen davon aus, dass der holistische Modellierungsansatz grundsätzlich motivierender für Schüler*innen sein könne, da vollständige Modellierungsprozesse einen höheren Grad an Authentizität vermitteln könnten. Zudem betonen sie, dass Modellierungsprozesse wechselseitige Übersetzungsvorgänge zwischen Realität und Mathematik beinhalten. Dementsprechend sollte im Rahmen von Modellierungsaktivitäten den Lernenden auch die Möglichkeit gegeben werden, diese Prozesse angemessen durchzuführen, was insbesondere bei einer holistischen Vorgehensweise gegeben sei (Blomhoj & Jensen, 2003).

Der atomistische Modellierungsansatz zur Förderung von Modellierungskompetenzen geht hingegen von der Annahme aus, dass besonders zu einem frühen Zeitpunkt des Kompetenzerwerbs die Durchführung vollständiger Modellierungsprozesse zu zeitaufwendig und zu ineffektiv bezogen auf die Entwicklung einzelner Modellierungskompetenzen sei. Stattdessen wird die getrennte Bearbeitung einzelner Phasen des Modellierungsprozesses vorgeschlagen, d. h. die separate Förderung einzelner Teilkompetenzen mathematischer Modellierung (Blomhoj & Jensen, 2003). Der Fokus kann hierbei etwa auf dem kognitiv besonders anspruchsvollen Prozess des Mathematisierens und mathematischen Bearbeitens von Modellen liegen. In diesem Fall wird das reale Modell des Modellierungsbeispiels bereits vorgegeben. Die Bearbeitung vollständiger Modellierungsprobleme würde dagegen insbesondere für den wichtigen Prozess des

Mathematisierens nicht ausreichend Zeit lassen, da das Verstehen sowie Struk-turieren des realen Problemkontexts zu zeitraubend wäre. Einschränkend stellen Blomhøj und Jensen (2003) dar, dass die alleinige Auseinandersetzung mit den Teilschritten der Mathematisierung und des mathematischen Arbeitens nicht aus-reichend für die Entwicklung vollständiger Modellierungskompetenzen sei, da die anderen Teilprozesse nicht trainiert und dementsprechend hier keine Kompe-tenzen erworben würden. Aus diesem Grund sprechen sich Blomhøj und Jensen (2003) dafür aus, dass neben der gezielten Förderung von Teilprozessen auch aus-reichend oft ein vollständiger Modellierungsprozess durchlaufen werden sollte. Bedenken in Bezug auf die Charakteristiken des dargestellten atomistischen Modellierungsansatzes könnten dahingehend ausgeräumt werden, dass andere Teilprozesse mathematischer Modellierung unterschieden und insbesondere die Modellierungsaktivitäten kennzeichnenden Übersetzungsprozesse zwischen Rea-lität und Mathematik getrennt voneinander betrachtet werden (Blum et al., 2007). Diese Interpretation des atomistischen Modellierungsansatzes wäre gestützt durch die Ergebnisse empirischer Studien, denen zufolge sich das Konstrukt der Model-lierungskompetenz in der didaktischen Realität als mehrdimensional erweist (Zöttl, 2010): Die Teilprozesse Vereinfachen und Strukturieren, mathematisch Arbeiten sowie Interpretieren und Validieren werden seitens der Schüler*innen als unterschiedlich wahrgenommen und können deshalb auch unterrichtspraktisch getrennt behandelt werden. Die separate Bearbeitung verschiedener Teilprozesse mathematischer Modellierung könnte darüber hinaus den aus Lehrer*innensicht oft als zu zeitintensiv bezeichneten Einbezug von Modellierungsaktivitäten in den Mathematikunterricht erleichtern.

Greefrath (2010) sieht in der Separierung einzelner Teilkompetenzen bzw. Teilprozesse mathematischer Modellierung die Möglichkeit zur Verringerung der Komplexität des Modellierungsprozesses. Beispielaufgaben, die Teilkompetenzen mathematischen Modellierens fördern bzw. erfordern, finden sich beispielsweise bei Greefrath (2010) oder auch bei Maaß (2005). Propagiert wird insoweit (zumindest zunächst) die separate Bearbeitung der einzelnen Phasen eines Model-lierungsprozesses, das heißt eine individuelle Förderung der Teilkompetenzen mathematischer Modellierung (Kaiser et al., 2015). Eine weitere empirische Studie (Brand, 2014) zum Vergleich der Effektivität beider Ansätze macht die Stärken und Schwächen beider Ansätze deutlich. Dabei wird auch aufgezeigt, dass für leistungsschwächere Schüler*innen der holistische Ansatz Vorteile hat. Brand (2014) konnte auf der einen Seite aufzeigen, dass sowohl der holistische als auch der atomistische Modellierungsansatz unter realen Unterrichtsbedingungen erfolgreich die Entwicklung der verschiedenen Dimensionen der Modellie-rungskompetenz förderten. Auf der anderen Seite sind Unterschiede erkennbar zwischen verschiedenen Gruppen von Schüler*innen und zwischen verschiedenen Dimensionen der Modellierungskompetenz. Eine allgemeine Überlegenheit eines Modellierungsansatzes konnte nicht festgestellt werden. Insbesondere aber für relativ leistungsschwächere bzw. leistungsheterogene Klassen wurden höhere Leistungszuwächse nachgewiesen, wenn der Unterricht dem holistischen Modellierungsansatz folgte. Brand (2014) zieht das Fazit, dass der Modellierungsansatz für leistungsstarke Schüler*innen eine untergeordnete Rolle spielt, im Hinblick auf leistungsschwächere Lernende aber der holistische Modellierungsansatz effektiver zu sein scheint als der atomistische. Trotzdem wird auch der atomistische Ansatz eingesetzt, denn neben der Behandlung von Aufgaben, die das Durchlaufen des ganzen Modellierungsprozesses erfordern, ist es sinnvoll, durch Schwerpunktsetzung im Unterricht gezielt die Entwicklung von Teilkompetenzen zu fördern (Maaß, 2018). Dabei sind folgende Aspekte in Bezug auf den Modellierungskreislauf relevant:

Erstens ist es in der Phase des Einstiegs in den Modellierungskreislauf wichtig, das Problembewusstsein der Schüler*innen zu fördern und relevante Fragestellungen zu entwickeln. Der Schwerpunkt des Unterrichts liegt dabei auf dem Finden der Fragen. Danach können ausgewählte Fragen weiterverfolgt werden. Nach dem Schritt der Vereinfachung und Strukturierung stellt in Rückbindung an den Modellierungskreislauf das Aufstellen des Modells eine weitere wichtige Kompetenz dar, die separat geschult werden sollte. Hier kann es hilfreich sein, die Situation im Modell nachzustellen oder eine Skizze anzufertigen. Weiterhin kann die Lehrkraft auch verschiedene Annahmen zum Aufstellen des Modells durch vorbereitete (Hilfe-)Karten vermitteln. Es folgt das mathematische Arbeiten und Berechnen: Hier können Grundvorstellungen explizit trainiert werden, indem man die Lernenden beim Modellieren begründen lässt, warum sie welche Operation ausgewählt haben. Auch die Teilkompetenz des Interpretierens gilt es gesondert zu schulen, indem nochmals auf die gesamte Rechnung und die Fragestellung zurückgeblickt wird, damit verdeutlicht werden kann, was das Ergebnis bedeutet. Die sich daran anschließende Validierung sollte gezielt eingefordert werden, sowohl bei der individuellen Betreuung von Lernenden während der Arbeitsphasen als auch im Zuge der Diskussion der Ergebnisse im Plenum. Nach der Präsentation dieser Ergebnisse kann man Mitschüler*innen auffordern, zur Vorgehensweise der anderen Stellung zu nehmen. Letztendlich ist eine Reflexion über das Modellieren auf einer Metaebene hilfreich: Zur Förderung der Reflexionskompetenz sollten von Anfang an Lösungsstrategien für Modellierungsaufgaben auf einer Metaebene diskutiert werden.

8.3   Hindernisse und Schwierigkeiten beim Erwerb von Modellierungskompetenz

Im Folgenden sollen verschiedene Ebenen von Hindernissen und Schwierigkeiten beim Erwerb von Modellierungskompetenz thematisiert werden. Dabei handelt es sich um vorgelagerte Hürden (Einstellung und Vorwissen), allgemeine Rahmenbedingungen von Unterricht (organisatorische Hürden) sowie materialbezogene, auf Schüler*innen bezogene und lehrkraftbezogene Hindernisse.

8.3.1   Vorgelagerte Hürden: Einstellung und Vorwissen in Bezug auf den Erwerb von Modellierungskompetenz

Für die Gestaltung einer Lernumgebung sind die Einstellung und das Vorwissen der Lernenden wichtige Hintergrundinformationen. Ein wichtiges Ergebnis zahlreicher empirischer Untersuchungen (in Deutschland wie auch in vielen anderen Ländern) ist, dass jeder Schritt im Modellierungsprozess eine potenzielle kognitive Hürde für Schüler*innen darstellt. Es gibt Schüler*innen mit unterschiedlichen Präferenzen für Anwendungen in der Mathematik. Maaß (2004) unterscheidet vier Typen von Modellierern nach der Einstellung gegenüber der Mathematik bzw. gegenüber Modellierungsbeispielen. Während der „desinteressierte" Modellierer, der weder gegenüber der Mathematik noch gegenüber Modellierungsbeispielen eine positive Einstellung hat, Schwächen in allen Bereichen zeigt, ist es bei der „reflektierenden" Modelliererin genau umgekehrt, d. h. sie hat eine Affinität sowohl zum kontextlosen Kalkül als auch zur kontextuellen Anwendung. Bei „realitätsfernen" Modellierern liegt eine Schwäche im Bereich der kontextbezogenen Mathematik vor. Sie haben aber eine positive Einstellung zur kontextfreien Mathematik. Umgekehrt liegt bei „mathematikfernen" Modelliererrn eine Präferenz für den Sachkontext und eine Schwäche beim Bilden und Lösen des mathematischen Modells vor (Maaß 2004).

Auch die mathematischen Denkstile von Schüler*innen haben Einfluss auf deren Modellierungsaktivitäten. So konnte Borromeo Ferri (2011) in ihren Fallstudien feststellen, dass die von ihr unterschiedenen mathematischen Denkstile wie folgt Einfluss auf das Verhalten bei Modellierungsprozessen haben: Lernende mit der Präferenz für einen „visuellen" Denkstil, die stärker zu bildlichen Darstellungen und einer eher ganzheitlichen Herangehensweise an mathematische Probleme tendieren, argumentieren stärker aus dem realen Kontext heraus und unter Bezug auf ihn. Lernende mit der Präferenz für einen sogenannten

„analytischen" Denkstil, die formale Darstellungen bevorzugen und Probleme eher zergliedernd lösen, beziehen sich nur kurz auf das reale Problem und argumentieren stärker aus dem mathematischen Modell heraus.

Die unterschiedlichen Präferenzen für den Sachkontext, den Denkstil sowie das Modellierungsverhalten der Schüler*innen müssen im Unterricht berücksichtigt werden. Schüler*innen mit ablehnender Haltung gegenüber Modellierungsbeispielen können durch weniger komplexe Modelle in Einstiegsaufgaben langsam herangeführt werden, während reflektierenden Modellierern auch komplexe Probleme angeboten werden sollten. Ebenso sollten die unterschiedlichen Denkstile der Schüler*innen im Unterricht berücksichtigt werden, indem sowohl für visuell als auch für formal arbeitende Lernende angemessene Materialien zur Verfügung stehen.

Unterschiedliche Arten von (Vor-)Wissen sind bedeutend für mathematisches Modellieren. Da Modellierungsaufgaben auch Mathematikaufgaben sind, erfordern sie in erster Linie mathematisches Wissen. Darüber hinaus ist Alltagswissen oder Wissen aus anderen Domänen sowie metakognitives Wissen nötig, um die kognitiven Aktivitäten zu reflektieren (Blum, 2015). Situationsbezogenes Wissen wird für das Erstellen einer mentalen Repräsentation der realen Situation und für die Wahl relevanter Informationen benötigt. Diese Aktivitäten sind substanzielle Bestandteile der Modellierungsaktivitäten Verstehen sowie Vereinfachen und Strukturieren im Modellierungsprozess. Situationsbezogenes Wissen zum Aufgabenkontext kann demnach als eine Grundvoraussetzung für mathematisches Modellieren betrachtet werden. Dass Modellierungsaufgaben auch Mathematikaufgaben sind, bedeutet, wie oben schon gesagt, dass ihre Lösung mathematisches Vorwissen voraussetzt. Da anders als bei Textaufgaben (als bloßen Einkleidungen) ein reales Problem und nicht ein einzuübender mathematischer Inhalt im Zentrum steht, ist zu Beginn der Modellierung meistens nicht bekannt, aus welchem Inhaltsbereich das erforderliche mathematische Wissen stammt. Aus diesem Grund stellen Modellierungsaufgaben besondere Ansprüche an die Wissensqualität. Eine gut organisierte, flexible Basis mathematischen Wissens kann als notwendig für erfolgreiches Modellieren gesehen werden (Krawitz, 2020). Außerdem wird die große Bedeutung von Metakognition für das mathematische Modellieren betont. In empirischen Studien zeigte sich, dass Metakognition und spezieller metakognitives Wissen über das Modellieren selbst und über modellierungsrelevante Strategien in einem engen Zusammenhang mit der Modellierungsleistung stehen (Maaß, 2004). Des Weiteren weisen Fallanalysen darauf hin, dass metakognitives Wissen in Form von Strategiewissen helfen kann, Schwierigkeiten im Lösungsprozess durch den Einsatz von Strategien zu überwinden (Schukajlow, 2011).

8.3.2 Organisatorische Hürden: Allgemeine Rahmenbedingungen von Unterricht

Unter organisatorischen Hindernissen versteht Blum (1996) vor allem das Zeit-problem, das durch die äußeren Rahmenbedingungen entsteht. Er führt aus, dass eine 45-minütige Unterrichtsstunde nicht ausreicht, um sich aktiv und selbstorga-nisiert mit einer offenen und realitätsbezogenen Aufgabe zu beschäftigen. Die Ergebnisse einer Studie zu Hürden und Motiven von Grundschullehrer*innen bezüglich der Integration von Modellierungen im Unterricht zeigen, dass Zeit-knappheit von vielen Lehrer*innen als Hinderungsgrund angegeben wird (Borro-meo Ferri & Blum, 2009). Auch Schmidt (2010) findet in ihrer Studie, in der 101 Lehrer*innen der Sekundarstufe anhand von Fragebögen und Interviews befragt wurden, heraus, dass der Zeitmangel die markanteste Hürde für Lehrer*innen bei der unterrichtlichen Integration von Modellierungsaufgaben darstellt. Im Detail wurde seitens der befragten Lehrer*innen unter anderem geäußert, dass beim Modellieren viel Zeit für wenig Mathematik aufgewendet werden müsse und dass der straffe Lehrplan ein Abschweifen in der Regel nicht zulasse (Schmidt, 2010). Gerade die den Lehrplan betreffende Aussage relativiert sich allerdings vor dem Hintergrund der 2003 von der Kultusministerkonferenz herausgegebenen Stan-dards für das Fach Mathematik (vgl. Kap. 3). Sowohl in den übergeordneten Bildungsstandards als auch in den Kerncurricula von Gymnasium, Haupt- und Realschule lässt sich Modellieren als eine von sechs mathematischen Kompeten-zen wiederfinden und ist somit verbindlicher Unterrichtsinhalt. Doch es hat sich im Allgemeinen herausgestellt, dass schulübergeordnete Handreichungen, Anre-gungen und Vorgaben, wie sie die ‚Bildungsstandards' und die ‚Kerncurricula' darstellen, einerseits wenig bekannt sind und andererseits auch wenig zur Hand-lungsorientierung beitragen (Schmidt, 2010). Unter diesen Aspekten scheint das Argument Zeitmangel vordergründig gleichwohl nicht zwingend zu sein und lässt eher auf eine Kenntnislücke der Lehrkräfte bezüglich der Bildungsstandards und Kerncurricula schließen.

8.3.3 Materialbezogene Hürden

Materialien zum Modellieren im Mathematikunterricht, seien es Beispielsamm-lungen, Unterrichtseinheiten, Lehrbücher oder Artikel, existieren inzwischen in bemerkenswerter Fülle. Als Beispiele im deutschsprachigen Bereich sind dabei unter anderem die ISTRON-Bände (ISTRON – Realitätsbezüge für den Mathematikunterricht, o. J.) mit anwendungsbezogenen Materialien für den Mathematikunterricht, die Materialien von MUED (Mathematik-Unterrichts-Einheiten-Datei) (MUED e. V., o. J.), die sich für einen handlungsorientierten, kontextrelevanten Unterricht einsetzen, das Themenheft der Zeitschrift PM (Praxis der Mathematik in der Schule), die Reihe „Plausibel?" in der Zeitschrift PM und das Themenheft der Zeitschrift ML (Mathematik Lehren) hervorzuheben (Reit, 2016). Auch der überwiegende Teil neuer Schulbücher bietet Modellierungsaufgaben an. So behandeln die Projektseiten im Schulbuch Mathematik heute fächerübergreifende komplexere Sachzusammenhänge, bei denen Modellieren gefordert ist. Im Schulbuch „mathe live" sind Aufgaben, welche die Kompetenz Modellieren fördern, explizit gekennzeichnet (Böer & et al., 2007). Obwohl der Umfang an anwendungsbezogenen Materialien als durchaus erheblich zu betrachten ist, geben Lehrer*innen oft entweder an, diese nicht zu kennen, oder behaupten, es herrsche ein Materialmangel bezüglich anwendungsorientierter Unterrichtsmaterialien (Schmidt, 2010). In diesem Zusammenhang geben in der Studie von Schmidt (2010) 61 % der befragten Lehrer*innen an, dass zu wenig Material zur Verfügung stehe, und identifizieren dies als Hinderungsgrund, Modellieren im Mathematikunterricht einzusetzen. Die Ergebnisse von Schmidt (2010) weisen darauf hin, dass sich einige Lehrkräfte detaillierter ausgearbeitete Unterrichtsmaterialien wünschen, die zu ihrer speziellen didaktischen Unterrichtssituation passen.

8.3.4 Hürden seitens der Schüler*innen

Bei der Vermittlung von Modellierungskompetenz beziehungsweise Teilkompetenzen aus dem Modellierungskreislauf können vielfältige Schwierigkeiten und Hindernisse auftreten. (Schaap et al., 2011) suchten anhand von fünf verschiedenen Modellierungsaufgaben in aufgabenbasierten Interviews nach Blockaden in den ersten Phasen des Modellierungsprozesses. Dazu interviewten sie sechs Lernende der 11. Klasse. Unter einer Blockade verstehen die Autor*innen eine Aktivität im Modellierungsprozess, die nicht erfolgreich durchgeführt wird. Die Studie konzentrierte sich auf die Übersetzungsprozesse von der Realität in die Mathematik im Sinne des Modellierungskreislaufs (Blum & Leiss, 2005).

Die identifizierten Blockaden können dabei den einzelnen Modellierungsphasen zugeordnet werden (Modellierungsphase jeweils in Klammern[1]):

Blockaden in der Phase des Verstehens (**1**) treten als Nicht-Verstehen der Fragestellung, als hinderliche Formulierung der Fragestellung, als Übersehen entscheidender Aspekte der Fragestellung und als Erwarten von Hinweisen, einem Leitfaden und Daten in der Fragestellung in Erscheinung. Blockaden in der Phase des Vereinfachens/Strukturierens (**2**) sind das Treffen falscher Annahmen und fehlende Identifizierung relevanter Variablen. Blockaden beim Mathematisieren (**3**) beziehen sich auf mangelnde Fähigkeiten, Angaben in Beziehungen zwischen den Variablen zu übersetzen, sowie mangelnde algebraische Fähigkeiten.

Von Maaß (2004) wurden Modellierungsaufgaben in Klassenarbeiten und Tests untersucht, um häufige Fehler beim Durchführen des Modellierungsprozesses zu ermitteln, die auch von leistungsstarken Lernenden begangen werden. Dazu analysierte sie die Klassenarbeiten, Hausaufgaben und einen durchgeführten Modellierungskompetenztest von je einer 7. und 8. Klasse qualitativ. Maaß klassifizierte die Fehler anhand der Modellierungsphasen, in denen sie sich ereigneten (Maaß, 2004). In Rückbezug auf den Modellierungskreislauf lässt sich dabei Folgendes herausstellen (Modellierungsphase jeweils in Klammern):

Schon beim Vereinfachen/Strukturieren (**2**) kann es zu Fehlern beim Aufstellen des Realmodells kommen. Dabei werden falsche oder abwegige Annahmen getroffen oder die Bildung des Realmodells wird nicht beschrieben. Fehler beim Aufstellen des mathematischen Modells (**3**) belaufen sich auf das Anwenden falscher Algorithmen oder das Verwenden nicht-adäquater mathematischer Schreibweisen. In der Phase des mathematischen Arbeitens (**4**), also beim Bearbeiten des mathematischen Modells, kommt es zu Rechenfehlern, es fehlen heuristische Strategien und die Bearbeitung wird teilweise ohne Ergebnis beendet. In der Phase des Interpretierens der Lösung (**5**) kommt es zur falschen Interpretation des Ergebnisses oder aber das Ergebnis wird gar nicht interpretiert. Beim anschließenden Validieren der Lösung (**6**) wird das Ergebnis oberflächlich validiert, eine Unzulänglichkeit des Modells wird erkannt, aber nicht verbessert, oder aber das Ergebnis wird gar nicht validiert.

Des Weiteren kommt es zu Fehlern, die den gesamten Modellierungsprozess betreffen. So werden Aspekte des Sachkontextes beschrieben, aber nicht in die Modellierung einbezogen. Die Modellierung wird abgebrochen, weil die Berechnung zu unübersichtlich ist oder aufgrund fehlenden Wissens nicht möglich ist.

---

[1] Phasen des Modellierungskreislauf nach Blum & Leiß (2005): 1 = Verstehen; 2 = Vereinfachen/Strukturieren; 3 = Mathematisieren; 4 = Mathematisch arbeiten; 5 = Interpretieren; 6 = Validieren; 7 = Vermitteln (vgl. Abschn. 5.3).

Die Schüler*innen verlieren den Überblick. Außerdem wird ungenügend über den Modellierungsprozess kommuniziert und es fehlen explizite Argumentationen. Maaß (2006) konnte außerdem Zusammenhänge zwischen den auftretenden Fehlern feststellen. So traten Fehler beim Vereinfachen und Strukturieren bzw. Bilden des Realmodells (**2**) häufig in Verbindung mit Fehlern beim Validieren (**6**) auf. Sie führt dies darauf zurück, dass die Aufgaben für die Lernenden neu waren und sie daher über keine Erfahrungen mit Modellierungsaufgaben verfügten. Bei Lernenden mit durchschnittlichen bis schwachen Leistungen in Mathematik traten bevorzugt Fehler beim Mathematisieren (**3**), beim mathematischen Arbeiten bzw. Lösen des mathematischen Modells (**4**) und beim Interpretieren (**5**) auf. Darüber hinaus untersuchte Maaß anhand von Interviews und angefertigten Concept Maps Fehlvorstellungen zu den Modellierungsphasen. Dabei fand sie Zusammenhänge zwischen der Modellierungskompetenz und den zugehörigen Metakenntnissen. Fehlendes Wissen über den Modellierungsprozess führte zu Fehlern im Lösungsprozess.

Die Befunde von Maaß (2006) unterstützend werden angelehnt an (Schukajlow, 2011) in einer anderen Studie die folgenden sechs Schwierigkeiten (unter Bezugnahme auf den Modellierungskreislauf) als Kernbereiche identifiziert (Eilerts & Kolter, 2015): Erste Schwierigkeiten treten schon dabei auf, die Angaben im Aufgabentext (und eventuell in zugehörigen Bildern) richtig zu lesen bzw. zu erfassen; es gibt also Schwierigkeiten beim Verstehen (**1**) (z. B. semantisches und strukturelles Verstehen von Wörtern und Aufgaben, Identifizieren relevanter/überflüssiger Informationen). Es folgen Schwierigkeiten, die Fragestellung gedanklich zu realisieren, das heißt beim Vereinfachen/Strukturieren (**2**) (z. B. Auswahl von Informationen, Generieren von Zwischenschritten/-fragen). Weitere Schwierigkeiten treten bei der Identifikation und Zuordnung der mathematisierbaren Strukturen auf, das heißt beim Mathematisieren (**3**) (z. B. Treffen von Annahmen für unbekannte Größen oder Variablen, Kenntnis über mögliche mathematische Ansätze). Auch die Konstruktion des mathematischen Modells gestaltet sich schwierig (z. B. mathematische Interpretation und vollständige Übertragung gegebener/ausgewählter Informationen). Auch beim Berechnen der Resultate treten Schwierigkeiten auf, das heißt beim mathematischen Arbeiten (**4**) (mathematische Verknüpfung der gesammelten Objekte, Ausführen der Rechenoperationen, Umgang mit Größen und ihren Einheiten). Letztendlich ist auch die Interpretation der Ergebnisse (**5**) für die Schüler*innen schwierig (z. B. Bezug des Resultats zur Ausgangssituation, kritische Auseinandersetzung mit dem Ergebnis hinsichtlich Relevanz und Evidenz).

Schaap et al. (2011) stellen außerdem fest, dass Blockaden auftreten, die nicht dem Modellierungskreislauf zugeordnet werden können. So beobachten

sie, dass eine Schülerin eine bestimmte notwendige Annahme nicht mit ein-
bezieht, weil dazu kein Hinweis in der Aufgabenstellung zu finden ist. Da
dieses Verhalten mit Metawissen über Aufgaben in Verbindung steht, ordnen
die Autor*innen diese Blockade den metakognitiven Kompetenzen zu. Negative Erfahrungen mit Mathematik und eine negative Einstellung zu ihr werden
als hinderlich im Modellierungsprozess angesehen. Schaap et al. bringen dies
mit Beliefs über Mathematik in Verbindung. So kann eine nicht-ansprechende
Aufgabe oder fehlendes Selbstbewusstsein eine Blockade darstellen. Ebenso
können sich Kommunikationsschwierigkeiten als Blockaden im Lösungsprozess
erweisen.

Zusammenfassend lässt sich sagen, dass durch den Anwendungsbezug und
das im Allgemeinen offene Aufgabenformat eine Modellierungsaufgabe schwieri-
ger zu überblicken und komplexer ist als andere Aufgabenformate, da vielfältige
Fähigkeiten erforderlich sind (Blum, 1996). So werden beim Modellieren, laut
Blum (1996), neben der soliden Kenntnis fachmathematischer Inhalte auch
andere, dem Mathematikunterricht sonst fernere Fähigkeiten wie z. B. Kreativität
verlangt. Zudem sind Aufgaben, welche rezeptartig abgearbeitet werden können,
bei den Schüler*innen beliebter. Das Verstehen und die Bearbeitung der Aufgaben fällt den Schüler*innen hier oft deutlich leichter, da der Erwartungshorizont
besser überblickt werden kann. In diesem Zusammenhang haben Ergebnisse
der Studie von Maaß (2005) über die Beliefs von Schüler*innen gezeigt, dass
schema- oder formalismusorientiert denkende Schüler*innen Modellierungsaufgaben skeptisch gegenüberstehen oder sogar eine ablehnende Haltung ihnen
gegenüber einnehmen.[2] Es wird in verschiedenen Studien bestätigt, dass Schüler*innen im Allgemeinen Schwierigkeiten beim Bearbeiten einzelner Schritte
sowie der Gesamtheit des Modellierungsprozesses haben (Borromeo Ferri, 2006;

---

[2] Es gibt offenbar relativ festgelegte Einstellungen zu Modellierungsaufgaben bei Schüler*innen (Maaß, 2004). Maaß (2004) hat in ihrer umfassenden Studie zu Modellierung
im Mathematikunterricht unterschiedliche Beliefs bei Schüler*innen rekonstruieren können. Unter Beliefs versteht man überdauernde, stabile Überzeugungen und Auffassungen.
Maaß (2004) unterscheidet prozessorientierte, schemaorientierte, formalismusorientierte und
anwendungsorientierte Beliefs. Außerdem rekonstruiert Maaß (2004) in ihrer Langzeitstudie,
in der Modellierungsbeispiele im Unterricht eine zentrale Rolle spielten, sogenannte nicht-
fachspezifische Beliefs mit kognitivem bzw. affektivem Schwerpunkt. Es zeigte, dass Schüler*innen mit schemaorientierten, formalismusorientierten oder kognitiv geprägten, nicht
fachspezifischen mathematischen Beliefs Modellierungsbeispiele vehement ablehnen, während die anderen Gruppen diesen teilweise positiv oder sehr positiv gegenüberstehen. In
der Studie wird außerdem deutlich, dass die Behandlung von Modellierungsbeispielen im
Unterricht die Einstellungen der Lernenden dazu positiv beeinflussen kann.

Schukajlow, 2006). Die Studie von Borromeo Ferri (2009), in der der Zusammenhang von Denkstil und Verhalten bei Modellierungsprozessen untersucht wurde, kann dahingehend interpretiert werden, dass je nach Denkstil der Schüler*innen andere Schritte im Modellierungsprozess Schwierigkeiten bereiten können. Neben diesen vorwiegend auf kognitiver Ebene zu verortenden Hindernissen betont Maaß (2005) zum Teil empirisch belegte Schwierigkeiten beim Erwerb von Metakenntnissen über Modellierungsprozesse sowie Schwierigkeiten in Bezug auf eine fächerübergreifende Diskussionskompetenz. Diese nicht speziell auf die Aufgabenstellung bezogenen, sondern auf einer Metaebene zu lokalisierenden Probleme zeigen, dass es bei der Integration von Modellierungsaufgaben nicht bloß um eine Ersetzung anderer Aufgaben durch Modellierungsaufgaben, also um deren quantitativen Zuwachs gehen kann. Hinter den auftretenden Schwierigkeiten stecken subtile Wirkmechanismen, deren sich die Lehrkraft bewusst sein muss, um Unterrichtssituationen schaffen zu können, die Schüler*innen eine lehrer*innengestützte Überwindung solcher Hindernisse ermöglichen.

8.3.5 Lehrkraftbezogene Hürden

Hindernisse aus Lehrer*innenperspektive lassen sich unter den Gesichtspunkten Zeit, methodisch-didaktische Kompetenzen, Beliefs und Bewertung zusammenfassen. Der bei den organisatorischen Hindernissen bereits angesprochene Zeitfaktor stellt vor allem für Lehrer*innen ein Hindernis dar. Die Unterrichtsvorbereitung, von der reinen Konzeption der Unterrichtsstunde bis hin zur Aufarbeitung geeigneter Beispiele für spezielle Lerngruppen, erfordert zusätzlichen Zeitaufwand (Blum, 1996). Auch in der Studie von Schmidt (2010) stellt der Zeitfaktor den größten Hinderungsgrund dar. In einer weiteren, in den USA durchgeführten Untersuchung zum Verständnis und zur Nutzung von realitätsbezogenen Aufgaben im Mathematikunterricht äußern fast 47 % der befragten Lehrer*innen, dass Modellierungsaufgaben zu viel Zeit in Anspruch nähmen (Gainsburg, 2008). Modellieren erfordert komplexere Bearbeitungsmechanismen und Fähigkeiten nicht nur von Schüler*innen, sondern auch von Lehrer*innen. Denn Modellierungsaufgaben fordern außermathematische Kenntnisse und ein größeres Spektrum an didaktischem Wissen bezüglich der Methodik des Unterrichts und geeigneten Interventionsformen (Blum, 2007).

Auf allgemeiner Ebene betont Burkhardt (2006) die zusätzlichen Lehrstrategien, die nötig sind, um mathematisches Modellieren zu einem integralen Bestandteil des Unterrichts werden zu lassen. Dabei benennt er explizit die Diskussionskompetenz im Sinne einer schüler*innengesteuerten Diskussions-

und Argumentationskultur, mehr Schüler*innenselbständigkeit während des Problemlöseprozesses, strategische Hilfen anstatt inhaltlicher Interventionen und an die Leistungsfähigkeit der Schüler*innen angepasste zusätzliche Fragestellungen (Burkhardt, 2006). Blomhøj und Jensen (2003) sehen diesbezüglich Schwierigkeiten, die Balance zwischen schüler*innengesteuerten Arbeitsprozessen und lehrer*innenbezogenem Eingreifen zu halten. In Zusammenhang mit einer kompetenzorientierten Vermittlung von mathematischem Modellieren weist auch Doerr (2007) auf die Herausforderungen hin, denen die Lehrkraft gegenübersteht, und plädiert für eine flexible, auf die Herangehensweisen und Lösungswege der Schüler*innen abgestimmte Interaktion und Intervention (Doerr, 2007). Es ist bisher wenig erforscht, wie sich Lehrer*innen in unterschiedlichen unterrichtlichen Situationen verhalten können, um ihren Schüler*innen eine sinnvolle Auseinandersetzung mit mathematischem Modellieren zu ermöglichen (Leiss & Tropper, 2014). Es ist also nicht verwunderlich, dass bei der Fülle an kontrovers diskutierten Aspekten des Unterrichts vielen Lehrer*innen die nötigen Kompetenzen fehlen, einen sowohl didaktisch als auch methodisch dem Modellieren angepassten Unterrichtsrahmen zu schaffen.

Etwa Ende der neunziger Jahre kann mit der Forschung zu den sogenannten Beliefs ein neuer Trend in der Diskussion um Modellierungen beobachtet werden. Es wird davon ausgegangen, dass die Beliefs von Lehrer*innen ein häufiger Hinderungsfaktor bei der Integration von Innovationen im Unterricht, also auch von Modellierungen sind (Pehkonen & Törner, 1999). Pehkonen (1999) betont, dass neue Unterrichtsmethoden, trotz Lehrer*innenfortbildungen, keinen Einzug in den Unterricht halten, wenn sie nicht in Übereinstimmung mit den Beliefs der Lehrer*innen stehen. Zudem scheinen Lehrer*innen, bei denen das Modellieren eine untergeordnete Rolle spielt, Modellierungsaufgaben so umzuinterpretieren, dass diese wiederum zu ihren Beliefs passen (Kaiser, 2017). In ihren Augen ist eine Veränderung, sei sie methodisch oder inhaltlich, also nicht nötig. Burkhardt erweitert die Diskussion und fordert, dass auch die Beliefs von Eltern, Politikern und der Gesellschaft in den Blick genommen werden müssen, um eine Veränderung herbeiführen zu können (Burkhardt, 2006).

Schmidt fand bei ihrer Befragung von 101 Lehrer*innen heraus, dass 67 % von ihnen die Bewertung von Modellierungsaufgaben als Schwierigkeit ansehen und dies als Hindernis angeben, Modellierungsaufgaben im Unterricht einzusetzen (Schmidt, 2010). In Anbetracht der Vielschichtigkeit mathematischen Modellierens kann eine Dichotomisierung des Ergebnisses in richtig und falsch auch sicherlich nicht infrage kommen. Daher überraschen Äußerungen über eine erschwerte Bewertung von Modellierungsaufgaben nicht. Auch Blum (1996) räumt ein, dass mit Anwendungsaufgaben Schwierigkeiten hinsichtlich der

Leistungsbewertung verbunden sind. Eine verbreitete Meinung ist, dass Modellierungsaufgaben nicht so objektiv bewertet werden können wie traditionelle Aufgabenformate. Dieser Objektivitätsverlust kann dazu führen, dass die Rechtfertigung der Bewertung vor Schüler*innen, Eltern und Kolleg*innen schwerfällt, da eine stichhaltige, auf objektiven Kriterien basierende Argumentation nicht bereits durch das Aufgabenformat auf der Hand liegt.

Auf dem Weg zu einem ganzheitlichen Bild der Mathematik 9

Spätestens nach dem sogenannten PISA-Schock um das Jahr 2000 wurden die Forderungen nach Veränderungen im Mathematikunterricht infolge des im internationalen Vergleich relativ schlechten Abschneidens der deutschen Schüler*innen unüberhörbar. Unterstützt durch die Kultusministerkonferenz der Bundesländer entstand die Zielstellung der Kompetenzorientierung. Der Anspruch eines anderen Mathematikunterrichts besteht also eindeutig und ist auch (politisch) kommuniziert. Der Anspruch besteht allgemein in der Ausrichtung an den Bedürfnissen der Lernenden und in der Vermittlung von vielfältig nutzbaren und nützlichen Kenntnissen, die langfristig in unterschiedlichen Kontexten als Kompetenzen zum Lösen lebensweltlicher Probleme zur Verfügung stehen. In Bezug auf den Mathematikunterricht ist die veränderte Zielstellung in vielfältiger Weise mit einem neuen und ganzheitlicheren Bild der Mathematik als solcher verbunden.

Der prozessbezogene mathematische Kompetenzbereich des Modellierens steht symptomatisch für diese Veränderung des Anspruchs an den Mathematikunterricht und die damit verbundenen Schwierigkeiten. Trotz dieser Schwierigkeiten sollte die Vermittlung von Modellierungskompetenz ein grundlegendes Anliegen im Mathematikunterricht sein. Ziel im Unterricht ist es dabei, Phänomene der realen Welt mit mathematischen Mitteln erkennen und verstehen zu können. Dabei fördert das Modellieren im Unterricht heuristische Strategien und Problemlösefähigkeiten der Schüler*innen sowie Kommunikations- und Argumentationsfähigkeiten. Nicht zuletzt wird auch kreatives und kritisches Verhalten der Schüler*innen gefördert. Schüler*innen werden in die Lage versetzt, verantwortungsvoll an der Gesellschaft teilhaben zu können und alltägliche Modelle (zum Beispiel Steuermodelle) kritisch zu beurteilen. Ganz im Sinne der Kompetenzorientierung werden somit vielfältig nutzbare Kenntnisse vermittelt, die langfristig in unterschiedlichen Kontexten zur Verfügung stehen. Im Zentrum steht dabei ein neues und ganzheitlicheres Bild der Mathematik als Wissenschaft

A. Brödner, *Vermittlung und Erwerb von Mathematischer Modellierungskompetenz*, essentials, https://doi.org/10.1007/978-3-662-67082-8_9

und deren Bedeutung für Kultur und Gesellschaft. Das derzeit vorherrschende Bild der Mathematik berücksichtigt ihre gesellschaftliche Bedeutung nur bedingt. Dieses Bild kann geändert werden, wenn durch Modellierungsaufgaben herausgestellt wird, welchen Nutzen Mathematik zur Lösung auch außermathematischer Probleme bereitstellt.

Schüler*innen lernen dabei nicht nur, wie Mathematik und die Welt zusammenhängen, sondern auch wie Entscheidungen unterstützt durch Mathematik getroffen werden können. Im Zentrum steht dabei der Modellierungsprozess, der relevante Daten aus der Welt in die Sprache der Mathematik übersetzt, um sie innerhalb dieser Sprache aufzubereiten und letztendlich für die Diskussion wieder zurück in eine nicht-mathematische Sprache zu übersetzen. Dabei wird ein ganzheitliches Bild der Mathematik geprägt: Mathematik wird als integraler Bestandteil von gesellschaftlichen und politisch-relevanten Entscheidungsprozessen erlebt. Das Verständnis dieser Art von Mathematik trägt dazu bei, dass Schüler*innen zu mündigen, verantwortlichen und reflektiert-kritischen Mitgliedern einer Gesellschaft werden, die in der Lage sind, Mathematik als ein Werkzeug zur Lösung gesellschaftlicher Herausforderungen kritisch einzusetzen.

Was Sie aus diesem *essential* mitnehmen können

- Grundlegendes Wissen über die wichtigsten Aspekte der Vermittlung und des Erwerbs von mathematischer Modellierungskompetenz im Schulkontext in Bezug auf
  - die Geschichte der Modellierungskompetenz
  - zentrale theoretische Hintergrundüberlegungen zum Modellieren
  - die verschiedenen Ziele des Modellierens im Unterricht
  - relevante didaktische Perspektiven auf die Modellierungskompetenz
  - die für das Modellieren notwendigen Teilkompetenzen
- Die wichtigsten Aspekte der Gestaltung von Modellierungsaufgaben und passenden Lernumgebungen für den Schulunterricht.
- Kenntnisse über Schwierigkeiten und Hindernisse im Prozess der Vermittlung und des Erwerbs von mathematischer Modellierungskompetenz.
- Eine Antwort auf die Fragen, warum die mathematische Modellierungskompetenz eine zentrale Rolle im Schulunterricht spielen sollte und inwieweit mit Modellierungsaufgaben der Anspruch der Vermittlung eines ganzheitlichen Bildes der Mathematik im Schulunterricht verbunden ist.

A. Brödner, *Vermittlung und Erwerb von Mathematischer Modellierungskompetenz*, essentials, https://doi.org/10.1007/978-3-662-67082-8

Literatur

Blomhoj, M., & Jensen, T. H. (2003). Developing mathematical modelling competence: Conceptual clarification and educational planning. *Teaching mathematics and its applications, 22*, 123–139.

Blum, W. (1985). Anwendungsorientierter Mathematikunterricht in der didaktischen Diskussion. *Mathematische Semesterberichte, 32*(2), 195–232.

Blum, W. (1996). Anwendungsbezüge im Mathematikunterricht – Trends und Perspektiven. In G. Kadunz, H. Kautschitsch, G. Ossimitz, & E. Schneider (Hrsg.), *Trends und Perspektiven*. Hölder-Pichler-Tempsky.

Blum, W. (2007). Mathematisches Modellieren – zu schwer für Schüler und Lehrer? *Beiträge zum Mathematikunterricht, 2007*, 3–12.

Blum, W. (2011). Can Modelling Be Taught and Learnt? Some Answers from Empirical Research. In G. Kaiser, W. Blum, R. Borromeo Ferri, & G. Stillman (Hrsg.), *Trends in Teaching and Learning of Mathematical Modelling* (S. 15–30). Springer.

Blum, W. (2015). Quality Teaching of Mathematical Modelling: What Do We Know, What Can We Do? In *The Proceedings of the 12th International Congress on Mathematical Education* (S. 73–96). Springer.

Blum, W., & Leiss, D. (2005). Modellieren im Unterricht mit der Tanken-Aufgabe. *mathematik lehren, 128*, 18–21.

Blum, W., Niss, M., & Galbraith, P. L. (2007). Introduction. In W. Blum (Hrsg.), *Modelling and applications in mathematics education: The 14th ICMI study*. Springer.

Blum, W., Schukajlow, S., Leiss, D., & Messner, R. (2009). Selbständigkeitsorientierter Mathematikunterricht im ganzen Klassenverband? Einige Ergebnisse aus dem DISUM-Projekt. *Beiträge zum Mathematikunterricht*, 291–294.

Böer, H. et al. (2007). *Mathe live*. Klett.

Borromeo Ferri, R. (2006). Theoretical and empirical differentiations of phases in the modelling process. *ZDM Mathematics Education, 38*(2), 86–95.

Borromeo Ferri, R. (2010). On the Influence of Mathematical Thinking Styles on Learners' Modeling Behavior. *Journal Für Mathematik-Didaktik, 31*(1), 99–118.

Borromeo Ferri, R. (2011). *Wege zur Innenwelt des mathematischen Modellierens: Kognitive Analysen zu Modellierungsprozessen im Mathematikunterricht*. Vieweg+Teubner Verlag.

Borromeo Ferri, R., & Blum, W. (2009). Modellieren—Schon in der Grundschule? In A. Peter-Koop, G. Lilitakis, & B. Spindeler (Hrsg.), *Lernumgebungen—Ein Weg zum kompetenzorientierten Mathematikunterricht in der Grundschule* (S. 142–153). Mildenberger.

Borromeo Ferri, R., Greefrath, G., & Kaiser, G. (Hrsg.). (2013). *Mathematisches Modellieren für Schule und Hochschule*. Springer.

Brand, S. (2014). *Erwerb von Modellierungskompetenzen: Empirischer Vergleich eines holistischen und eines atomistischen Ansatzes zur Förderung von Modellierungskompetenzen*. Springer Spektrum.

Burkhardt, H. (2006). Modelling in Mathematics Classrooms: Reflections on past developments and the future. *Zentralblatt Für Didaktik Der Mathematik ZDM, 38*(2), 178–195.

Busse, A. (2013). Umgang mit realitätsbezogenen Kontexten in der Sekundarstufe II. In R. Borromeo Ferri, G. Greefrath, & G. Kaiser (Hrsg.), *Mathematisches Modellieren für Schule und Hochschule*. Springer.

Doerr, H. (2007). What Knowledge Do Teachers Need for Teaching Mathematics Through Applications and Modelling? *New ICMI Study Series, 10*, 69–78.

Ebenhöh, W. (1990). Mathematische Modellierung – Grundgedanken und Beispiele. *Mathematikunterricht, 36*(4), 5–15.

Eilerts, K., & Kolter, J. (2015). Strategieverwendung durch Grundschulkinder bei Modellierungsaufgaben. In G. Kaiser & H.-W. Henn (Hrsg.), *Werner Blum und seine Beiträge zum Modellieren im Mathematikunterricht* (S. 119–133). Springer.

Freudenthal, H. (1968). Why to teach mathematics so as to be useful. *Educational Studies in Mathematics, 1*(1–2), 3–8.

Freudenthal, H. (1978). *Vorrede zu einer Wissenschaft vom Mathematikunterricht*. Oldenbourg.

Gainsburg, J. (2008). Real-world connections in secondary mathematics teaching. *Journal Of Mathematics Teacher Education, 11*(3), 199–219.

Galbraith, P. L., Henn, H.-W., & Niss, M. (Hrsg.). (2007). *Modelling and Applications in Mathematics Education: The 14th ICMI Study*. Springer.

Greefrath, G. (2010). *Didaktik des Sachrechnens in der Sekundarstufe* (F. Padberg, Hrsg.). Springer.

Greefrath, G. (2018). *Anwendungen und Modellieren im Mathematikunterricht: Didaktische Perspektiven zum Sachrechnen in der Sekundarstufe*. Springer.

Greefrath, G., Kaiser, G., Blum, W., & Borromeo Ferri, R. (2013). Mathematisches Modellieren – Eine Einführung in theoretische und didaktische Hintergründe. In R. Borromeo Ferri, G. Greefrath, & G. Kaiser (Hrsg.), *Mathematisches Modellieren für Schule und Hochschule* (S. 11–37). Springer.

Greefrath, G., Siller, H.-S., & Ludwig, M. (2017, Februar). Modelling problems in German grammar school leaving examinations (Abitur)-Theory and practice. *CERME 10*.

Haines, C., & Crouch, R. (2007). Mathematical Modelling and Applications: Ability and Competence Frameworks. In W. Blum (Hrsg.), *Modelling and applications in mathematics education: The 14th ICMI study. Buch Buch*. Springer.

Hattie, J., Zierer, K., & Beywl, W. (2017). *Lernen sichtbar machen für Lehrpersonen: Überarbeitete deutschsprachige Ausgabe von „Visible Learning for Teachers"*. Schneider Verlag Gmbh.

Kaiser, G. (2017). The mathematical beliefs of teachers about applications and modelling – results of an emprirical study. In J. Novotná & et al. (Hrsg.), *Proceedings of the 13th International Congress on Mathematical Education: ICME-13*.

Kaiser, G., Blum, W., Borromeo Ferri, R., & Greefrath, G. (2015). Anwendungen und Modellieren. In R. Bruder, L. Hefendehl-Hebeker, B. Schmidt-Thieme, & H.-G. Weigand (Hrsg.), *Handbuch der Mathematikdidaktik* (S. 357–383). Springer.

Kaiser-Messmer, G. (1986a). *Anwendungen im Mathematikunterricht. Bd. 1. Theoretische Konzeptionen.* Franzbecker.

Kaiser-Messmer, G. (1986b). *Anwendungen im Mathematikunterricht. Bd. 2. Empirische Untersuchungen.* Franzbecker.

KMK. (2003). Bildungsstandards im Fach Mathematik für den Mittleren Schulabschluss. *Beschluss der Kultusministerkonferenz vom, 4*(12), 2003.

KMK. (2004a). Bildungsstandards im Fach Mathematik für den Hauptschulabschluss. *Beschluss der Kultusministerkonferenz vom, 15*(10), 2004.

KMK. (2004b). Bildungsstandards im Fach Mathematik für den Primarbereich. *Beschluss der Kultusministerkonferenz vom, 15*(10), 2004.

KMK. (2012). Bildungsstandards im Fach Mathematik für die Allgemeine Hochschulreife. *Beschluss der Kultusministerkonferenz vom, 18*(10), 2012.

Krawitz, J. (2020). *Vorwissen als nötige Voraussetzung und potentieller Störfaktor beim mathematischen Modellieren.* Springer.

Leiss, D., & Tropper, N. (2014). *Umgang mit Heterogenität im Mathematikunterricht.* Springer.

Lesh, R., Doerr, H., Carmona, G., & Hjalmarson, M. (2003). Beyond Constructivism: Models and modeling perspectives on mathematics problem solving, learning, and teaching. *Mathematical Thinking and Learning, 5,* 211–233.

Maaß, J. (2020). *Realitätsbezogen Mathematik unterrichten: Ein Leitfaden für Lehrende.* Springer.

Maaß, K. (2004). *Mathematisches Modellieren im Unterricht. Ergebnisse einer empirischen Studie.* Franzbecker.

Maaß, K. (2005). Modellieren im Mathematikunterricht der Sekundarstufe I. *Journal für Mathematik-Didaktik, 26*(2), 114–142.

Maaß, K. (2011). *Mathematisches Modellieren in der Grundschule.* IPN Leibniz-Institut f. d. Pädagogik d. Naturwissenschaften an d: Universität Kiel.

Maaß, K. (2018). Qualitätskriterien für den Unterricht zum Modellieren in der Grundschule. In K. Eilerts & K. Skutella (Hrsg.), *Neue Materialien für einen realitätsbezogenen Mathematikunterricht 5* (S. 1–16). Springer.

Mandl, H., & Reinmann, G. (2006). Unterrichten und Lernumgebungen gestalten. In A. Krapp & B. Weidenmann (Hrsg.), *Pädagogische Psychologie.* Beltz Verlag.

Mischau, A., & Eilerts, K. (2018). Modellieren im Mathematikunterricht gendersensibel gestalten. In K. Eilerts & K. Skutella (Hrsg.), *Neue Materialien für einen realitätsbezogenen Mathematikunterricht 5* (S. 125–142). Springer.

Ortlieb, C. P. (2004). Mathematische Modelle und Naturerkenntnis. *mathematica didatica,* 23–40.

Ortlieb, C. P., von Dresky, C., Gasser, I., & Günzel, S. (2013). *Mathematische Modellierung. Eine Einführung in zwölf Fallstudien.* Springer.

Pehkonen, E., & Törner, G. (1999). *Mathematical beliefs and their impact on teaching and learning of mathematics.* Springer.

Pollak, H. O. (1968). On some of the problems of teaching applications of mathematics. *Educational Studies in Mathematics, 1*(1–2), 24–30.

Pollak, H. O. (1977). The Interaction between Mathematics and Other School Subjects (Including Integrated Courses). *Zentralblatt für Didaktik der Mathematik*, 255–264.

Reiss, K., & Hammer, C. (2013). *Grundlagen der Mathematikdidaktik*. Birkhäuser.

Reit, X.-R. (2016). *Denkstrukturen in Lösungsansätzen von Modellierungsaufgaben*. Springer.

Schaap, S., Vos, P., & Goedhart, M. (2011). Students Overcoming Blockages While Building a Mathematical Model: Exploring a Framework. In G. Kaiser, W. Blum, R. Borromeo Ferri, & G. Stillman (Hrsg.), *Trends in Teaching and Learning of Mathematical Modelling* (Bd. 1, S. 137–146). Springer.

Schecker, H., Wilhelm, T., Hopf, M., & Duit, R. (Hrsg.). (2018). *Schülervorstellungen und Physikunterricht: Ein Lehrbuch für Studium*. Referendariat und Unterrichtspraxis: Springer.

Schmidt, B. (2010). *Modellieren in der Schulpraxis Beweggründe und Hindernisse aus Lehrersicht*. Franzbecker.

Schukajlow, S. (2006). Schüler-Schwierigkeiten beim Lösen von Modellierungsaufgaben – Ergebnisse aus dem DISUM-Projekt. *Beiträge zum Mathematikunterricht*, 4.

Schukajlow, S. (2011). *Mathematisches Modellieren Schwierigkeiten und Strategien von Lernenden als Bausteine einer lernprozessorientierten Didaktik der neuen Aufgabenkultur*. Waxmann.

Schukajlow, S., & Blum, W. (Hrsg.). (2018). *Evaluierte Lernumgebungen zum Modellieren*. Springer.

Schukajlow, S., Leiss, D., Pekrun, R., Blum, W., Müller, M., & Messner, R. (2012). Teaching methods for modelling problems and students' task-specific enjoyment, value, interest and self-efficacy expectations. *Educational Studies in Mathematics, 79*(2), 215–237.

SenBJF. (2017). *Senatsverwaltung für Bildung, Jugend und Familie Berlin: Rahmenlehrplan für die Jahrgangsstufen 1–10 (Teil C – Mathematik)*.

Spiegel, H., & Selter, C. (2006). *Kinder & Mathematik: Was Erwachsene wissen sollten*. Kallmeyer.

Stender, P. (2016). *Wirkungsvolle Lehrerinterventionsformen bei komplexen Modellierungsaufgaben*. Springer.

Weigand, H.-G. (2009). Das Klein-Projekt. Eine Aktualisierung der Mathematik vom höheren Standpunkt aus. *Mitteilungen der Deutschen Mathematiker-Vereinigung, 17*(3).

Weigand, H.-G., McCallum, W., Menghini, M., Neubrand, M., & Schubring, G. (Hrsg.). (2019). *The Legacy of Felix Klein*. Springer.

Weinert, F. E. (2002). Vergleichende Leistungsmessung in Schulen—Eine umstrittene Selbstverständlichkeit. In F. E. Weinert (Hrsg.), *Leistungsmessungen in Schulen* (S. 17–31). Beltz.

Zöttl, L. (2010). *Modellierungskompetenz fördern mit heuristischen Lösungsbeispielen*. Franzbecker.

Printed in the United States
by Baker & Taylor Publisher Services